大学入学共通テストが目指す
新学力観

数学 II B

快刀乱麻を断つ
数魔鉄人

ブラックタイガー
黒岩虎雄

現代数学社

ブラックタイガー
黒岩虎雄

はじめに

　大学入学共通テストの初回の実施（2021年1月）に向けて，著者らは高等学校・予備校等の現場に立ち，次世代の若者たちと切磋琢磨をしています．こうした現場経験を踏まえ『現代数学』誌上において「大学入学共通テストが目指す新学力観」の連載を行いました．本書は，2019年5月号から2020年6月号までに掲載した全14回の連載記事を単行本としてまとめたものの後半部分です．

　ここで改めて，大学入試センター発出の文書（令和2年1月29日『令和3年度大学入学者選抜に係る大学入学共通テスト問題作成方針』）を見ておきましょう．「問題作成の基本的な考え方」として，

　　（引用はじめ）平成21年告示高等学校学習指導要領において育成することを目指す資質・能力を踏まえ，知識の理解の質を問う問題や，思考力，判断力，表現力を発揮して解くことが求められる問題を重視する．

　　　高等学校における「主体的・対話的で深い学び」の実現に向けた授業改善のメッセージ性も考慮し，授業において生徒が学習する場面や，社会生活や日常生活の中から課題を発見し解決方法を構想する場面，資料やデータ等を基に考察する場面など，学習の過程を意識した問題の場面設定を重視する．

　　　　　　　　　　　　　　　　　　　　　　　　（引用以上）

ということです．試行調査（プレテスト）では，従来の大学入試センター試験とは見かけが異なる問題群が示されましたが，応用数学重視の出題や対話型の問題設定は，こうした考え方に基づくものであると読み取ることができます．また，「問題作成の方針」において記されている下記引用の内容からは，従来の試験との問題の質の違いが，どのような意図に基づいているのかを知ることができます．

（引用はじめ）数学的な問題解決の過程を重視する．事象の数量等に着目して数学的な問題を見いだすこと，構想・見通しを立てること，目的に応じて数・式，図，表，グラフなどを活用し，一定の手順に従って数学的に処理すること，及び解決過程を振り返り，得られた結果を意味付けたり，活用したりすることなどを求める．また，問題の作成に当たっては，日常の事象や，数学のよさを実感できる題材，教科書等では扱われていない数学の定理等を既知の知識等を活用しながら導くことのできるような題材等を含めて検討する．（引用以上）

　著者らは，このような出題サイドの公表する意図を汲み取り，具体的な問題に対する解釈を入れながら日常の授業にフィードバックしています．指導に使っている問題の一部を本書にも収録しました．

　各章の構成としては，まず試行調査（プレテスト）の該当分野の問題（2回分の2題）を検討し，その上で著者らが作成した予想問題を配置しました．新たな大学入学共通テストについては，まだ実施前の段階での出版ということもあり，著者らの間でも見解が分かれることがらも存在します．そこで，雑誌の連載時点と同様，本書の中においても，著者の責任の分担を明示するような形で，記名にて掲載をしています．

　初回の大学入学共通テストの実施まであと半年程度という段階での本書の出版は，単行本にするには，書籍の賞味期限が短くなってしまう虞れもあるところ，現代数学社の富田淳社長には，このタイミングでの本書の社会的意義をご理解いただき，快く単行本化の決定をしてくださいました．著者らは心より感謝しています．

　本書は，受験生の方々の学習の役に立つこととともに，指導者の皆様の研究資料として，教壇での指導にフィードバックされるような材料をお示しできるとすれば，著者らとしては望外の喜びです．

令和2年4月
ブラックタイガー
黒岩虎雄

4

大学入学共通テストが目指す
数学の新学力観
数学ⅡB

大学入学共通テストが目指す新学力観
数学II・B　第1章
式と証明

1　プレテスト数学II・Bの概要

黒岩虎雄

　大学入学共通テストに向けての2回の試行テストを見ると，数学I・Aにおいて「挑戦的」な出題が目立っていたようである．そのためか，数学II・Bについては，現行の大学入試センター試験と大きくは変わらないのではないかと見る向きがあるようだ．問題をさらりと読むだけで，実際に自分の手で解いていない人には，そのように見えることだろう．ところが，実際にペンを走らせて解いてもらえば，キラリと光る工夫が凝らされていることがわかるだろう．

　プレテスト数学II・Bの問題を，謙虚に耳を澄ませて，問題の声を聴いてみよう．従来の大学入試センター試験の計算中心の問題と較べてみれば，数学の声が聴こえてくるはずだ．

数魔鉄人

　今回から数学II・Bの分析に入る．2回実施された試行テストの問題をみると，1回目と2回目について大きな変更はないので，問題例として両方からまんべんなく取り上げる予定である．

　数学II・Bは大きく分けて，式と証明，図形と式，指数・対数関数，三角関数，微分積分の5分野となるが，現行のセンター試験では現在まで式

と証明の分野から単独の出題がなされた例は少ない．図形と式の分野の出
題も少ない．しかし，平成29年度の試行テストで「式と証明」分野の，し
かも証明問題もどきが出題された．厳密には証明問題ではないのだが，感
覚的には証明問題がマーク式で出題されたようなところである．以前に数
学II・Bの選択問題で一度だけ証明問題が出題されたことがあるが，まさ
か試行テストでこのタイプのものを選択するとは予想していなかった．で
は，実際に問題を見てみよう．

2　式と証明（試行調査から）

試行調査2017より

　先生と太郎さんと花子さんは，次の問題とその解答について話してい
る．三人の会話を読んで，下の問いに答えよ．
【問題】

x , y を正の実数とするとき，$\left(x+\dfrac{1}{y}\right)\left(y+\dfrac{4}{x}\right)$ の最小値を求めよ．

【解答A】

$x>0, \dfrac{1}{y}>0$ であるから，相加平均と相乗平均の関係により

$$x+\frac{1}{y} \geq 2\sqrt{x \cdot \frac{1}{y}}=2\sqrt{\frac{x}{y}} \quad \cdots\cdots\cdots ①$$

$y>0, \dfrac{4}{x}>0$ であるから，　相加平均と相乗平均の関係により

$$y+\frac{4}{x} \geq 2\sqrt{y \cdot \frac{4}{x}}=4\sqrt{\frac{y}{x}} \quad \cdots\cdots\cdots ②$$

である．①，②の両辺は正であるから，

$$\left(x+\frac{1}{y}\right)\left(y+\frac{4}{x}\right) \geq 2\sqrt{\frac{x}{y}} \cdot 4\sqrt{\frac{y}{x}}=8$$

よって，求める最小値は 8 である．

【解答B】

$$\left(x+\frac{1}{y}\right)\left(y+\frac{4}{x}\right) = xy+\frac{4}{xy}+5$$

であり，$xy>0$ であるから，相加平均と相乗平均の関係により

$$xy+\frac{4}{xy} \geq 2\sqrt{xy \cdot \frac{4}{xy}} = 4$$

である．すなわち，

$$xy+\frac{4}{xy}+5 \geq 4+5 = 9$$

よって，求める最小値は 9 である．

先生　「同じ問題なのに，解答 A と解答 B で答えが違っていますね．」

太郎　「計算が間違っているのかな．」

花子　「いや，どちらも計算は間違えていないみたい．」

太郎　「答えが違うということは，どちらかは正しくないということだよね．」

先生　「なぜ解答 A と解答 B で違う答えが出てしまったのか，考えてみましょう．」

花子　「実際に x と y に値を代入して調べてみよう．」

太郎　「例えば $x=1, y=1$ を代入してみると，$\left(x+\frac{1}{y}\right)\left(y+\frac{4}{x}\right)$ の値は 2×5 だから 10 だ．」

花子　「$x=2, y=2$ のときの値は $\frac{5}{2} \times 4 = 10$ になった．」

太郎　「$x=2, y=1$ のときの値は $3 \times 3 = 9$ になる．」

（太郎と花子，いろいろな値を代入して計算する）

花子　「先生，ひょっとして ┃シ┃ ということですか．」

先生　「そのとおりです．よく気づきましたね．」

花子　「正しい最小値は ┃ス┃ ですね．」

第1章 式と証明

(1) ┌シ┐ に当てはまるものを，次の ⓪ 〜 ③ のうちから一つ選べ．

⓪ $xy+\dfrac{4}{xy}=4$ を満たす x,y の値がない

① $x+\dfrac{1}{y}=2\sqrt{\dfrac{x}{y}}$ かつ $xy+\dfrac{4}{xy}=4$ を満たす x,y の値がある

② $x+\dfrac{1}{y}=2\sqrt{\dfrac{x}{y}}$ かつ $y+\dfrac{4}{x}=4\sqrt{\dfrac{y}{x}}$ を満たす x,y の値がない

③ $x+\dfrac{1}{y}=2\sqrt{\dfrac{x}{y}}$ かつ $y+\dfrac{4}{x}=4\sqrt{\dfrac{y}{x}}$ を満たす x,y の値がある

(2) ┌ス┐ に当てはまる数を答えよ．

〜〜〜〜 ┌ 解 答 例 ┐ 〜〜〜〜〜〜〜〜〜〜〜〜〜〜〜〜〜〜〜〜

┌シ┐ =②， ┌ス┐ $=9$

【解答A】において，①式の等号成立条件は $x=\dfrac{1}{y}$ であり，②式の等号成立条件は $y=\dfrac{4}{x}$ である．これらが同時に成立することはないので，

$\left(x+\dfrac{1}{y}\right)\left(y+\dfrac{4}{x}\right)\geqq 2\sqrt{\dfrac{x}{y}}\cdot 4\sqrt{\dfrac{y}{x}}=8$ の等号が成立することもない．

つまり，$\left(x+\dfrac{1}{y}\right)\left(y+\dfrac{4}{x}\right)$ の値が 8 になることはない．

【解答B】において，$xy+\dfrac{4}{xy}\geqq 2\sqrt{xy\cdot\dfrac{4}{xy}}=4$ の等号成立条件は $xy=\dfrac{4}{xy}$，すなわち $xy=2$ であって，これは容易に実現する．よって，求める最小値は 9 である．

▢ 黒岩虎雄

　この問題は，相加平均と相乗平均の不等式を利用して関数の最小値を求めるという，大学受験では典型的な論点を取り扱っている．出題における工夫は誤答例を含む2つの【解答】を取り上げ，検討させている．出題者も「解決過程を振り返るなどして，得られた結果を基に批判的に検討し，体系的に組み立てていくことができる」ことを求めているとしている．

　数学の日常授業でもアクティブ・ラーニング型の授業が求められているが，これを単に「学び合い，教え合い」といった表面的な形態に拘泥して，グループワークに任せていると，さまざまな弊害が予想される．単にできる子（問題が解ける子）がそうでない子に問題の解き方を教えるだけ，というのであれば，力のある子にとってその授業は何なんだ，ということになる．それ以外にも，グループワークのなかで間違った（数学的には偽である）考え方をもっともらしく声高に述べる者がいるときに，それが拡散してしまう，という問題がある．こういった点まで含めて，教員がマネジメントをできるのかどうかが問題だ．

　こういった観点から本問を眺めてみると，《間違えに汚染されない力》が問われていることがわかり，少し安心した．日々の授業の実践の中で「誤答から学ぶ」という営みも取り入れておく必要がありそうだ．

▢ 数魔鉄人

　相加相乗平均の不等式で，等号成立条件を吟味しなけれぱいけない典型的な問題であり，授業で取り上げられることも多いだろう．教育的で探究の過程等をより重視するという観点からの出題であることはわかるが，マーク式でこの主旨がうまく伝わるのかは疑問が残る．さらに，もう一問問題例をあげておこう．この問題は指数・対数関数の分野に分類されるのかもしれないが，式と証明分野の考え方を用いるので今回は式と証明の問題として掲載しよう．

第1章　式と証明

〜〜〜〜〜〜〜〜〜〜〜〜〜 試行調査2017より 〜〜〜〜〜〜〜〜〜〜〜〜〜

a を 1 でない正の定数とする．（ⅰ）～（ⅲ）のそれぞれの式について，正しいものを，下の ⓪～③ のうちから一つずつ選べ．ただし，同じものを繰り返し選んでもよい．

（ⅰ）　$\sqrt[4]{a^3} \times a^{\frac{2}{3}} = a^2$ 　　　　 $\boxed{\textbf{カ}}$

（ⅱ）　$\dfrac{(2a)^6}{(4a)^2} = \dfrac{a^3}{2}$ 　　　　 $\boxed{\textbf{キ}}$

（ⅲ）　$4\left(\log_2 a - \log_4 a\right) = \log_{\sqrt{2}} a$ 　　　　 $\boxed{\textbf{ク}}$

　　⓪　式を満たす a の値は存在しない．
　　①　式を満たす a の値はちょうど一つである．
　　②　式を満たす a の値はちょうど二つである．
　　③　どのような a の値を代入しても成り立つ式である．

〜〜〜〜 解 答 例 〜〜〜〜〜〜〜〜〜〜〜〜〜〜〜〜〜〜〜〜〜〜〜〜〜〜〜〜〜

$\boxed{\textbf{カ}} = ⓪,$ 　$\boxed{\textbf{キ}} = ①,$ 　$\boxed{\textbf{ク}} = ③$

（ⅰ）　左辺を計算すると，$\sqrt[4]{a^3} \times a^{\frac{2}{3}} = a^{\frac{3}{4}} \times a^{\frac{2}{3}} = a^{\frac{3}{4} + \frac{2}{3}} = a^{\frac{17}{12}}$ となるので，与えられた式は，$a^{\frac{17}{12}} = a^2$ という条件（方程式）と同値である．この式をみたす「1 でない正の定数」は存在しない．

（ⅱ）　両辺の分母は正なので，$2(2a)^6 = a^3(4a)^2$ と同値変形できる．さらに計算を進めると，$2^7 a^6 = 2^4 a^5$ という条件（方程式）と同値である．$a > 0$ に注意してこれを解けば，$a = 2^{-3}$ が唯一の解として得られる．

（ⅲ）　両辺の底を 2 に合わせると，$4\left(\log_2 a - \dfrac{1}{2}\log_2 a\right) = 2\log_2 a$ で，さら

に左辺を計算すると $2\log_2 a = 2\log_2 a$ を得る．これは恒等式である．

（数魔鉄人）

　本問で，なぜ a は正数ではなく，1 でない正数にしたのか？　やはり，指数関数の問題として意識させたかったのか．それだと(ⅱ)の設問が中途半端な気がして何かしっくりこない．

（黒岩虎雄）

　等式の意味についての意識を問いかける問題であろう．生徒たちの答案指導を行っていると，数式を無意味に羅列しているケースがしばしばある．そのようなとき「この式はどういうつもりで書いているのか」を問いかけて，意識向上を促すようにしている．たとえば，①単に左辺から右辺に向けて数式・文字式を計算するという意味での等式を書く，②直前の行に書いた等式を同値変形した等式を書く，という行為が区別できていない答案例はいくらでもある．また，微分法を用いて関数 $f(x)$ の増減を調べる場面で，何の断りもなく $f'(x)=0$ という方程式を書いてこれを解き，涼しい顔をしている答案がある．こうした答案を書く生徒への指導は「数学の対話ができるように育てる」ことに尽きるのであるが，本問のような問題意識を育むこともまた，これに寄与しているのではないか．

3　式と証明（問題例）

　相加相乗平均の不等式を用いた最小値の問題が出題されたので，類題を作ってみた．

〜〜〜〜〜〜〜（黒岩虎雄の出題）〜〜〜〜〜〜〜

太郎さんと花子さんは，次の問題とその解法について話している．会話を読んで下の問いに答えよ．

第1章　式と証明

【問題】

$x > 0$ のとき，次の関数の最小値を求めよ．

$$y = x^2 + \frac{1}{x}$$

太郎　似たような問題を見たことがあるなあ．$x > 0$ のとき $x + \dfrac{1}{x}$ の最小値を求める問題だった．

花子　あのときは，$\dfrac{1}{2}\left(x + \dfrac{1}{x}\right) \geq \sqrt{x \cdot \dfrac{1}{x}}$ から，$x + \dfrac{1}{x} \geq 2$ となったので，きれいに片付いたね．

太郎　先生は，相加相乗平均の不等式を用いて最大最小問題を解くときには，等号成立条件の確認が大切だ，と口酸っぱく言っていたね．この問題も，同じようにできるかもしれない．

議論の末に，2つの解答例が出てきた．

【解答A】

相加相乗平均の不等式から，

$$x^2 + \frac{1}{x} \geq 2\sqrt{x^2 \cdot \frac{1}{x}} \quad \cdots\cdots(*)$$

ここで，等号が成り立つのは，$x^2 = \dfrac{1}{x}$ すなわち $x = 1$ のときである．

このとき，両辺の値は 2 で等しくなる．

よって，求める最小値は 2 である．

【解答B】

3つの実数 a, b, c についても，相加相乗平均の不等式

$$\frac{a+b+c}{3} \geq \sqrt[3]{abc}$$

13

が成り立つことを利用する.

$$x^2 + \frac{1}{2x} + \frac{1}{2x} \geq 3\sqrt[3]{x^2 \cdot \frac{1}{2x} \cdot \frac{1}{2x}}$$

すなわち,

$$x^2 + \frac{1}{x} \geq \frac{3}{\sqrt[3]{4}}$$

ここで, 等号が成り立つのは, $x^2 = \dfrac{1}{2x}$ すなわち $x = \dfrac{1}{\sqrt[3]{2}}$ のときである.

よって, 求める最小値は $\dfrac{3}{\sqrt[3]{4}}$ である.

太郎　2つの解答で, 異なる結論が出てしまったね.

花子　2と $\dfrac{3}{\sqrt[3]{4}}$ とは, どちらが小さいのだろう.

太郎　調べてみよう.

$$2 - \frac{3}{\sqrt[3]{4}} = \frac{2\sqrt[3]{4} - 3}{\sqrt[3]{4}} = \frac{\sqrt[3]{\boxed{\text{アイ}}} - \sqrt[3]{\boxed{\text{ウエ}}}}{\sqrt[3]{4}} > 0$$

となるから, $\dfrac{3}{\sqrt[3]{4}}$ の方が小さいみたいだね.

花子　実際に, $x^2 + \dfrac{1}{x} = \dfrac{3}{\sqrt[3]{4}}$ となる場合があることがわかったのだから,

【解答B】の結論が正しいみたいだね.

太郎　【解答A】のどこが間違っているのだろう.

設問　【解答A】の誤りの内容はなにか $\boxed{\text{オ}}$

下の ⓪〜③から一つ選べ.
- ⓪ (＊)式が成り立たない x の値があること
- ① (＊)式の等号が成り立つ x の値が他にもあること
- ② (＊)式の左辺が一定の値でないこと
- ③ (＊)式の右辺が一定の値でないこと

解 答 例

$\boxed{アイ}= 32,\ \boxed{ウエ}= 27,\ \boxed{オ}=③$

黒岩虎雄

　試行調査の問題と同様の問題意識をもった授業を日ごろから行っているところであったので，授業でよく使う素材を問題例に仕立ててみた．通常なら数学Ⅲの微分法で取り扱う問題である．

　問題となっている式 $x^2+\dfrac{1}{x}$ を $x^2+\dfrac{1}{2x}+\dfrac{1}{2x}$ のように分割する方法は，妙にテクニカルではあるが，授業の中では「分身の術」と呼んでいる．

数魔鉄人

　$x^2+\dfrac{1}{x} \geq 2\sqrt{x}$ は，$\dfrac{x^3-2x\sqrt{x}+1}{x}=\dfrac{\left(x\sqrt{x}-1\right)^2}{x}\geq 0$ より確かに成り立つ．

また $x=1$ のときに等号が成り立つことも間違いない．しかし，$x^2+\dfrac{1}{x}$ の

$x>0$ での最小値は $x=1$ のときの 2 ではない．

　もっとわかりやすい例として，$x\geq 0$ のとき

$$x^2+1\geq 2\sqrt{x^2\cdot 1}=2x$$

で，等号は $x=1$ のときに成り立つが，x^2+1 の最小値が $x=1$ のときの 2 であると結論付ける者は誰もいないだろう．

第1章　式と証明

　さて，証明問題をマーク式で問うのは難しそうだが，もう1問，次の問題を作問してみた．(4)の設問は2013年のセンター試験での証明問題を参考にした（もちろん皮肉です念のため）．

〰〰〰〰〰〰〰〰〰〰（ 数魔鉄人の出題 ）〰〰〰〰〰〰〰〰〰〰〰

先生と太郎さんと花子さんは，次の問題とその解法について話している．
三人の会話を読んで下の問いに答えよ．

【問題】
　a, b, c は正数とする．このとき，

$$\frac{a+b+c}{abc} \leq \frac{1}{a^2} + \frac{1}{b^2} + \frac{1}{c^2}$$

を示せ．

太郎　分数の形だと扱いづらいので，分母を払って整理して証明するのがよいのでは？
花子　そうね．その方針で解いてみてください．

【太郎さんの解答】
　与式の両辺に $a^2b^2c^2$ をかけて
$$abc(a+b+c) \leq b^2c^2 + c^2a^2 + a^2b^2$$
よって，不等式
$$b^2c^2 + c^2a^2 + a^2b^2 - a^2bc - ab^2c - abc^2 \geq 0 \quad \cdots\cdots(*)$$
を示せばよい．この左辺は

$$\frac{1}{2}\left\{ \boxed{ア}^2(b-c)^2 + \boxed{イ}^2(c-a)^2 + \boxed{ウ}^2(a-b)^2 \right\}$$

と変形できるので，与えられた不等式は成り立つ．

花子　これはすべて 0 以上の数の和だから，与えられた不等式が成り立つわけね．でも，この変形どこかで見たことあるね．

16

太郎 そうだね. $a^3+b^3+c^3-3abc$ を因数分解したときの数学の授業で教
　　 わった気がする.

花子 (＊)で, $ab=A$, $bc=B$, $ca=C$ とおくと, 左辺は

　　　　$A^2+B^2+C^2-AB-BC-CA$

　　 となり, これが 0 以上となることの証明を教えてもらったんだ.

(1) $a+b+c>0$ のとき

　　　　$a^3+b^3+c^3-3abc$ 　エ　 0

　　 となる. 　エ　 にあてはまるものを下の ⓪〜③ から一つ選べ.

　　　　⓪ $>$　　　　① $\geq$　　　　② $<$　　　　③ $\leq$

太郎 ということは始めから $\dfrac{1}{a}=A$, $\dfrac{1}{b}=B$, $\dfrac{1}{c}=C$ とおいて考えれば

　　 よかったのかな.

花子 そういうことね. この問題は (＊) の左辺を

　　　　$f(a)=\left(b^2+c^2-bc\right)a^2-bc(b+c)a+b^2c^2$

　　 とおいて a の 2 次関数とみて, $f(a)\geq0$ を示してもよいね.

【花子さんの解答】

　　　　$f(a)=\left(b^2+c^2-bc\right)a^2-bc(b+c)a+b^2c^2$

とおくと,

　　　　b^2+c^2-bc 　オ　 0

である. ここで, a の 2 次方程式 $f(a)=0$ の判別式を D とする. すべての

正数 a で $f(a)\geq0$ となるためには 　カ　 であればよい.

　　　（以下略）

(2) オ にあてはまるものを下の ⓪〜③から一つ選べ.

    ⓪   ＞   ① ≧   ② ＜   ③ ≦

(3) カ にあてはまるものを下の ⓪〜③から一つ選べ.

    ⓪ $D>0$ ① $D\geqq 0$ ② $D<0$ ③ $D\leqq 0$

先生　2次関数のグラフを用いて考える方法ですね. この他にもいろいろ
　　　解法がありますが, 1つだけ紹介しておきましょう.

【先生の解答】

$$\frac{1}{a^2}+\frac{1}{c^2}\geqq \frac{2}{ac}$$

$$\frac{1}{a^2}+\frac{1}{b^2}\geqq \frac{2}{ab}$$

$$\frac{1}{b^2}+\frac{1}{c^2}\geqq \frac{2}{bc}$$

であるから, 辺ごとに加えて両辺を 2 で割ると,

$$\frac{1}{a^2}+\frac{1}{b^2}+\frac{1}{c^2}\geqq \frac{1}{ac}+\frac{1}{ab}+\frac{1}{bc}$$

(4) 先生の解答で用いた不等式の名前は何というか. キ

　　下の ⓪〜③から一つ選べ.
　　　⓪ シュワルツの不等式
　　　① 三角不等式
　　　② 相加相乗平均の不等式
　　　③ チェビシェフの不等式

~~~~~~~~~~ 解 答 例 ~~~~~~

$\boxed{ア} = a$, $\boxed{イ} = b$, $\boxed{ウ} = c$

(＊)の左辺は

$$\frac{1}{2}\left(2b^2c^2 + 2c^2a^2 + 2a^2b^2 - 2a^2bc - 2ab^2c - 2abc^2\right)$$

$$= \frac{1}{2}\left\{a^2\left(b^2 + c^2 - 2bc\right) + b^2\left(c^2 + a^2 - 2ca\right) + c^2\left(a^2 + b^2 - 2ab\right)\right\}$$

$$= \frac{1}{2}\left\{a^2(b-c)^2 + b^2(c-a)^2 + c^2(a-b)^2\right\} \geq 0$$

$\boxed{エ} = ①$

$$a^3 + b^3 + c^3 - 3abc = (a+b+c)\left(a^2 + b^2 + c^2 - ab - bc - ca\right)$$

$$= \frac{1}{2}(a+b+c)\left\{(a-b)^2 + (b-c)^2 + (c-a)^2\right\}$$

$$\geq 0$$

$\boxed{オ} = ⓪$

$$b^2 + c^2 - bc = \left(b - \frac{c}{2}\right)^2 + \frac{3c^2}{4} > 0$$

$\boxed{カ} = ③$, $\boxed{キ} = ②$

(数魔鉄人)

　(4)の設問についてはあまり気乗りしなかったが，2013 年のセンター試験（数学Ⅱ・B第3問）で証明法についての選択問題が出題されたので，そのパロディとして付け加えたものである．

(黒岩虎雄)

　日ごろの授業の中でも，一つの問題に対していろいろなアプローチをとること，数学的な視野を拡げることの重要性を説いているところだ．

大学入学共通テストが目指す新学力観

数学II・B　第2章
図形と方程式

1　「図形と方程式」分野の位置づけ

黒岩虎雄

　図形と方程式の分野は，各大学個別の一般入試では「軌跡と領域」分野が「命題と論理」の分野の知識と融合する形で出題されることが多いのに対して，現行の大学入試センター試験（数学II・B）ではあまり出題されていない．点・直線・円に関する問題が，受験者の少ない「数学II」で出題される程度であった．その背景として考えられるのは，センター試験の場合には「単元のなかで閉じた出題」を原則としていることを指摘できるのかもしれない．現行センター試験の「数学II・B」では，第1問は指数・対数・三角関数，第2問は微分と積分……といった具合に，どの位置にどの単元を出題するかのフォーマットが固まっている．

　このような観点から試行調査（プレテスト）を眺めてみると，2017年11月実施分では第1問を4つに分割して図形と方程式・指数と対数・三角関数・不等式を出題している．また2018年11月実施分では第1問を3つに分割して三角関数・微分と積分・対数関数を出題し，第2問も2つに分割して図形と方程式の問題を2つ出題している．本番の共通テストの実施を見るまではわからないのだが，細かく分割して広い単元からの出題を目指しているのかもしれない．

2　図形と方程式（試行調査から）

数魔鉄人

　今回は「図形と方程式」の分野の問題を取り上げる．前回に指摘したようにセンター試験ではこの分野からの出題はほとんどなく指数・対数・三角関数および微分積分からの出題が主であった．しかし，共通テストの試行問題では，数学Ⅱの主役の座を勝ち取ったような印象である．まずは，1回目（2017年実施）の第1問の問題を取り上げる．

試行調査2017より

　a を定数とする．座標平面上に，原点を中心とする半径 5 の円 C と，直線 $l:x+y=a$ がある．

　C と l が異なる 2 点で交わるための条件は，

$$-\boxed{\text{ア}}\sqrt{\boxed{\text{イ}}}<a<\boxed{\text{ア}}\sqrt{\boxed{\text{イ}}} \quad \cdots\cdots①$$

である．①の条件を満たすとき，C と l の交点の一つを $\mathrm{P}(s,t)$ とする．このとき，

$$st=\frac{a^2-\boxed{\text{ウエ}}}{\boxed{\text{オ}}}$$

である．

解 答 例

$$-\boxed{\text{ア}}\sqrt{\boxed{\text{イ}}}=-5\sqrt{2} \ , \quad \frac{a^2-\boxed{\text{ウエ}}}{\boxed{\text{オ}}}=\frac{a^2-25}{2}$$

　l と C の中心との距離 d は，点と直線の距離の公式より

$$d = \frac{|a|}{\sqrt{2}}$$

C と l が異なる 2 点で交わる条件は，$d < 5$ であるから，

$$\frac{|a|}{\sqrt{2}} < 5 \qquad \therefore \ -5\sqrt{2} < a < 5\sqrt{2}$$

P は C 上の点かつ l 上の点であるから，

$$s^2 + t^2 = 25 \, , \, s + t = a$$

第 1 式より

$$(s+t)^2 - 2st = 25$$

これに第 2 式を代入して

$$st = \frac{a^2 - 25}{2}$$

黒岩虎雄

　試験問題セットの中では冒頭の 1 問めである．現行のセンター試験の大問 1 問よりはかなり軽いので，所要時間 5 分以内に軽やかに処理したい問いである．このような問題を細かく配置することで，適切な平均点と得点分布を実現するという，共通テスト本来の目的に資するのかもしれない．

数魔鉄人

　円と直線のオーソドックスな問題であるが，対称式を絡めたところに工夫がある．

　次は 2 回目（2018 年）の問題および解答である．今度は大問として出題されている．この問題は数学ⅡＢのなかで一番輝いていると思われる問題で，この試行テスト問題を解いたときに，すごく感動した覚えがある．ぜひ，解いてみてもらいたい．

〜〜〜〜〜〜〜〜〜〜〜〜〜〜（試行調査2018より）〜〜〜〜〜〜〜〜〜〜〜〜〜〜

　100g ずつ袋詰めされている食品 A と B がある．1 袋あたりのエネル
ギーは食品 A が 200kcal，食品 B が 300kcal であり，1 袋あたりの脂質の
含有量は食品 A が 4g，食品 B が 2g である．

(1)　太郎さんは，食品 A と B を食べるにあたり，エネルギーは 1500kcal
以下に，脂質は 16g 以下に抑えたいと考えている．食べる量 (g) の合計が
最も多くなるのは，食品 A と B をどのような量の組合せで食べるときか
を調べよう．ただし，一方のみを食べる場合も含めて考えるものとする．

(i)　食品 A を x 袋分，食品 B を y 袋分だけ食べるとする．このとき，
x , y は次の条件①，②を満たす必要がある．

　　　摂取するエネルギー量についての条件　$\boxed{\text{ア}}$ ……①

　　　摂取する脂質の量についての条件　　　$\boxed{\text{イ}}$ ……②

$\boxed{\text{ア}}$，$\boxed{\text{イ}}$ に当てはまる式を，次の各解答群のうちから一つずつ選べ．

$\boxed{\text{ア}}$ の解答群

　　⓪　$200x + 300y \leq 1500$　　　　①　$200x + 300y \geq 1500$

　　②　$300x + 200y \leq 1500$　　　　③　$300x + 200y \geq 1500$

$\boxed{\text{イ}}$ の解答群

　　⓪　$2x + 4y \leq 16$　　　　①　$2x + 4y \geq 16$

　　②　$4x + 2y \leq 16$　　　　③　$4x + 2y \geq 16$

(ⅱ) x, y の値と条件①, ②の関係について正しいものを, 次の ⓪ 〜 ③ の

うちから二つ選べ. ただし, 解答の順序は問わない. $\boxed{ウ}$, $\boxed{エ}$

   ⓪ $(x, y) = (0, 5)$ は条件①を満たさないが, 条件②は満たす.

   ① $(x, y) = (5, 0)$ は条件①を満たすが, 条件②は満たさない.

   ② $(x, y) = (4, 1)$ は条件①も条件②も満たさない.

   ③ $(x, y) = (3, 2)$ は条件①と条件②をともに満たす.

(ⅲ) 条件①, ②をともに満たす (x, y) について, 食品 A と B を食べる量

の合計の最大値を二つの場合で考えてみよう.

  食品 A, B が 1 袋を小分けにして食べられるような食品のとき, すな

わち x, y のとり得る値が実数の場合, 食べる量の合計の最大値は

$\boxed{オカキ}$ g である. このときの (x, y) の組は, $(x, y) = \left(\dfrac{\boxed{ク}}{\boxed{ケ}}, \dfrac{\boxed{コ}}{\boxed{サ}} \right)$

である.

  次に, 食品 A, B が 1 袋を小分けにして食べられないような食品のと

き, すなわち x, y のとり得る値が整数の場合, 食べる量の合計の最大値

は $\boxed{シスセ}$ g である. このときの (x, y) の組は $\boxed{ソ}$ 通りある.

(2) 花子さんは, 食品 A と B を合計 600g 以上食べて, エネルギーは

1500kcal 以下にしたい. 脂質を最も少なくできるのは, 食品 A, B が 1

袋を小分けにして食べられない食品の場合, A を $\boxed{タ}$ 袋, B を $\boxed{チ}$ 袋

食べるときで, そのときの脂質は $\boxed{ツテ}$ g である.

解 答 例

(1)　(i)　条件より

$$200x + 300y \leq 1500 \quad \boxed{ア} = ⓪$$

$$4x + 2y \leq 16 \quad \boxed{イ} = ②$$

(ii)　(i)より　$\boxed{ウ}$ ，$\boxed{エ}$ は①と③

(iii)　$x \geq 0$ ，$y \geq 0$ と合わせて

(i)を xy 平面上に図示する．

このとき，$x+y$ の最大値を求めれば

よい．$x+y=k$ すなわち $y=-x+k$ と

おくと，傾きを考えて，この直線が

点 $\left(\dfrac{\boxed{ク}}{\boxed{ケ}} , \dfrac{\boxed{コ}}{\boxed{サ}} \right) = \left(\dfrac{9}{4} , \dfrac{7}{2} \right)$ を通る

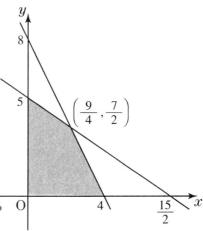

ときに k は最大で，最大値は $\dfrac{23}{4}$ 　（袋）で $\boxed{オカキ} = 575$ (g)であ

る．

x , y が整数値のときは，グラフより

$(x , y) = (2 , 3)$ で $x+y=5$

$(x , y) = (1 , 4)$ で $x+y=5$

$(x , y) = (0 , 5)$ で $x+y=5$

$(x , y) = (3 , 2)$ で $x+y=5$

$(x , y) = (4 , 0)$ で $x+y=4$

であるから，最大値は 5 （袋）で

$\boxed{シスセ} = 500$ (g)で，このときの

(x , y) の組は $\boxed{ソ} = 4$ 通りある．

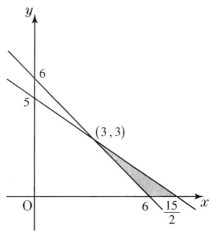

(2)　$x+y \geq 6$ ，$2x+3y \leq 15$ ，

$x \geq 0$ ，$y \geq 0$ ，x , y は整数のとき，$4x+2y$ の最小値を求めればよい．

$4x+2y=k$ ，$y=-2x+\dfrac{k}{2}$ とおくと，傾きを考えて，最小となるのは

第2章 図形と方程式

点 $(3,3)$ を通るとき，

$$\boxed{タ}=3, \quad \boxed{チ}=3$$

最小値は $k=4\cdot3+2\cdot3, \quad \boxed{ツテ}=18$

> (数魔鉄人)
>
> (1)はよくある線形計画法の問題で，整数値に限定した問い方に目新しさを感じる．

> (黒岩虎雄)
>
> 単元「図形と方程式」から，領域と最大・最小の出題である．線形計画法のモチーフは一般的な問題集にもよく掲載されているものであるが，本問では，変数 (x,y) が連続量（実数値）をとる場合のほかに，離散量（非負整数値）をとる場合も考えさせる．
>
> こうした問い方を観察していて感じるのは，受験生の間にも問題解法が浸透しているような「よくある問題」であっても，問い方に工夫を凝らすことで，ちゃんと理解している受験生と，表面だけの解法暗記で済ませている受験生を判別することができるということである．大学入試センター当局が，これまでに寄せられたさまざまな批判に応えてきていることを感じる．

〰️〰️〰️〰️〰️ (試行調査2018より) 〰️〰️〰️〰️〰️

(1) 座標平面上に点 A をとる．点 P が放物線 $y=x^2$ 上を動くとき，線分 AP の中点 M の軌跡を考える．

（ⅰ）点 A の座標が $(0,-2)$ のとき，点 M の軌跡の方程式として正しいものを，次の ⓪〜⑤ のうちから一つ選べ． $\boxed{ト}$

⓪ $y = x^2 - 1$ 　　　① $y = 2x^2 - 1$ 　　　② $y = \dfrac{1}{2}x^2 - 1$

③ $y = |x| - 1$ 　　　④ $y = 2|x| - 1$ 　　　⑤ $y = \dfrac{1}{2}|x| - 1$

(ii) p を実数とする．点 A の座標が $(p, -2)$ のとき，点 M の軌跡は (i) の軌跡を x 軸方向に $\boxed{\text{ナ}}$ だけ平行移動したものである．$\boxed{\text{ナ}}$ に当てはまるものを，次の ⓪〜⑤ のうちから一つ選べ．

⓪ $\dfrac{1}{2}p$ 　　　　① p 　　　② $2p$

③ $-\dfrac{1}{2}p$ 　　　④ $-p$ 　　　⑤ $-2p$

(iii) 点 A の座標が (p, q) のとき，点 M の軌跡と放物線 $y = x^2$ との共有点について正しいものを，次の ⓪〜⑤ のうちから**すべて選べ**．$\boxed{\text{ニ}}$

⓪ $q = 0$ のとき，共有点はつねに 2 個である．

① $q = 0$ のとき，共有点が 1 個になるのは $p = 0$ のときだけである．

② $q = 0$ のとき，共有点は 0 個，1 個，2 個のいずれの場合もある．

③ $q < p^2$ のとき，共有点はつねに 0 個である．

④ $q = p^2$ のとき，共有点はつねに 1 個である．

⑤ $q > p^2$ のとき，共有点はつねに 0 個である．

(2) ある円 C 上を動く点 Q がある．下の図は定点 O$(0, 0)$，A$_1(-9, 0)$，A$_2(-5, -5)$，A$_3(5, -5)$，A$_4(9, 0)$ に対して，線分 OQ，A$_1$Q，A$_2$Q，A$_3$Q，A$_4$Q のそれぞれの中点の軌跡である．このとき，円 C の方程式として最も適当なものを，下の ⓪〜⑦ のうちから一つ選べ．$\boxed{\text{ヌ}}$

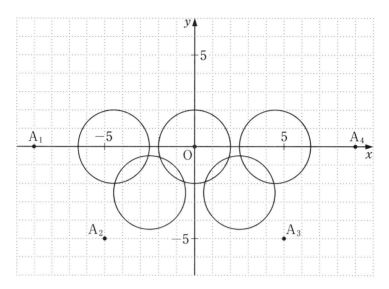

⓪ $x^2 + y^2 = 1$　　　　① $x^2 + y^2 = 2$

② $x^2 + y^2 = 4$　　　　③ $x^2 + y^2 = 16$

④ $x^2 + (y+1)^2 = 1$　　　⑤ $x^2 + (y+1)^2 = 2$

⑥ $x^2 + (y+1)^2 = 4$　　　⑦ $x^2 + (y+1)^2 = 16$

解 答 例

(1) $A(a,b)$, $P(t,t^2)$ とする. $M(x,y)$ とおくと

$$x = \frac{a+t}{2}, \quad y = \frac{b+t^2}{2}$$

この2式より t を消去して,

$$y = \frac{1}{2}\left\{b + (2x-a)^2\right\} = 2x^2 - 2ax + \frac{a^2+b}{2} \quad \cdots\cdots(*)$$

（ⅰ）$a=0, b=-2$ のとき；$y = 2x^2 - 1$

　　　　$\boxed{\text{ト}} = ①$

（ii）$a=p,b=-2$ のとき；$y=2x^2-2px+\dfrac{p^2-2}{2}$

$$=2\left(x-\dfrac{p}{2}\right)^2-1$$

$\boxed{ナ}=\text{⓪}$

（iii）（＊）と $y=x^2$ から y を消去して，

$$x^2-2ax+\dfrac{a^2+b}{2}=0$$

$$(x-a)^2=\dfrac{a^2-b}{2}$$

$a=p,b=q$ のとき；$(x-p)^2=\dfrac{p^2-q}{2}$

正しいのは

$\boxed{ニ}$ ①，④，⑤

(2) 円の方程式を $(x-a)^2+(y-b)^2=r^2$ ……（＊）

とする．$\mathrm{A_0}(0,0)$，$\mathrm{A}_i(\alpha_i,\beta_i)$ $(i=0\sim4)$，$\mathrm{Q}(x,y)$ とすると，

$\mathrm{A}_i\mathrm{Q}$ の中点 (X,Y) は $X=\dfrac{\alpha_i+x}{2}$ ，$Y=\dfrac{\beta_i+y}{2}$

（＊）に代入して，

$$(2X-a-\alpha_i)^2+(2Y-b-\beta_i)^2=r^2$$

$$\left(X-\dfrac{a+\alpha_i}{2}\right)^2+\left(Y-\dfrac{b+\beta_i}{2}\right)^2=\dfrac{r^2}{4}$$

図より円の半径は 2 だから $\dfrac{r}{2}=2$ であり $r=4$

中心の座標 $\left(\dfrac{a+\alpha_i}{2},\dfrac{b+\beta_i}{2}\right)$ を考える．図の対称性を考えて，

$(\alpha_0,\beta_0)=(0,0)$ のとき $x^2+y^2=4$ となるから $a=b=0$

よって，円 C の式は $x^2+y^2=16$ ，$\boxed{ヌ}=$③

第2章　図形と方程式

数魔鉄人

　［2］が感動的な問題で，共通テストの問題レベルとしてはどうかなという批判はあるとしても，実に興味深い問題である．今までは点の座標が与えられたときの軌跡の方程式を求めよというタイプの設問であったが，本問は一般化して考えなければいけないような問題なのである．今まで帰納的な考え方が主流であったのが，これからは演繹的な考え方も要求されるということなのか．このあたりは黒岩氏の意見も訊いてみたい．

黒岩虎雄

　単元「図形と方程式」から軌跡の問題である．前半の (1) は，条件を与えて軌跡の方程式を求めさせるオーソドックスな出題である．後半の (2) は東京オリンピックを控えたタイミングで「五輪」をモチーフとした出題．軌跡を与えて，もとの曲線を決定するというもので，出題センスがキラリと光る良問だと思う．

　数魔さんは演繹的に解決されたが，本問も短答式であることからすると，下の図のように線を引いたら，解答となるべき円が浮かび上がってくる，というのもアリなのではないか．

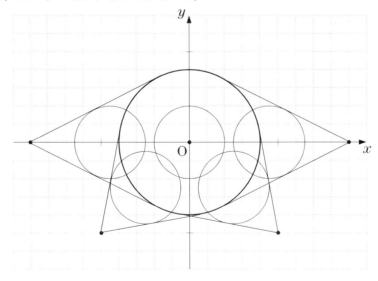

3　図形と方程式（問題例）

> 数魔鉄人

　この軌跡の問題が印象的であったため，数値替えという批判を承知で次
の問題を作問した．もちろん解法については最善と思われるものにしてあ
る．試行テストにおいてもこの解法を選択すべきであったかもしれない
が，実際の受験生のレベルも考えて，あえて直感的な解法を採用した．

⸼⸼⸼⸼⸼⸼⸼⸼⸼⸼⸼⸼⸼ 数魔鉄人の出題 ⸼⸼⸼⸼⸼⸼⸼⸼⸼⸼⸼⸼⸼⸼

　ある円 C 上を動く点 Q がある．下の図は定点 $A_1(-4,0)$，$A_2(5,9)$，

$A_3(-13,9)$，$A_4(5,-9)$，$A_5(-13,-9)$ に対して，線分 A_1Q，A_2Q，

A_3Q，A_4Q，A_5Q を $2:1$ に内分する点のそれぞれの軌跡である．

　このとき，円 C の方程式として最も適当なものを，下の ⓪〜⑦ のうち
から一つ選べ．

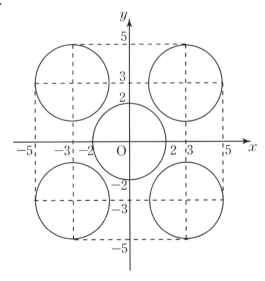

$$\textcircled{0} \quad x^2 + y^2 = 4 \qquad\qquad \textcircled{1} \quad x^2 + y^2 = 9$$

$$\textcircled{2} \quad (x-2)^2 + y^2 = 4 \qquad\qquad \textcircled{3} \quad (x-2)^2 + y^2 = 9$$

$$\textcircled{4} \quad x^2 + (y-2)^2 = 4 \qquad\qquad \textcircled{5} \quad x^2 + (y-2)^2 = 9$$

$$\textcircled{6} \quad (x-2)^2 + (y-2)^2 = 4 \qquad\qquad \textcircled{7} \quad (x-2)^2 + (y-2)^2 = 9$$

解 答 例

円 C の中心を C，半径を r とすると，

$$\left| \overrightarrow{\mathrm{CQ}} \right| = r \ \cdots\cdots\textcircled{1}$$

である．$\mathrm{A}_i \mathrm{Q}$（$i = 1, 2, \cdots, 5$）を $2:1$ に内分する点を P_i とすると，

$$\overrightarrow{\mathrm{OP}_i} = \frac{2\overrightarrow{\mathrm{OQ}} + \overrightarrow{\mathrm{OA}_i}}{3} \ \text{より} \ \overrightarrow{\mathrm{OQ}} = \frac{3\overrightarrow{\mathrm{OP}_i} - \overrightarrow{\mathrm{OA}_i}}{2}$$

これを①に代入して

$$\left| \frac{3\overrightarrow{\mathrm{OP}_i} - \overrightarrow{\mathrm{OA}_i} - 2\overrightarrow{\mathrm{OC}}}{2} \right| = r$$

$$\left| \overrightarrow{\mathrm{OP}_i} - \frac{\overrightarrow{\mathrm{OA}_i} + 2\overrightarrow{\mathrm{OC}}}{3} \right| = \frac{2}{3}r$$

P_i の軌跡は

$$\text{中心} \ \frac{\overrightarrow{\mathrm{OA}_i} + 2\overrightarrow{\mathrm{OC}}}{3}, \quad \text{半径} \ \frac{2}{3}r$$

の円である．

図より各 i に対して半径は 2 であるから，

$$\frac{2}{3}r = 2 \ \text{より} \ r = 3$$

次に，5 つの円の中心の座標をすべて加えると，

$$(-3, 3) + (3, 3) + (0, 0) + (-3, -3) + (3, -3) = (0, 0)$$

したがって，

$$\sum_{i=1}^{5}\frac{\overrightarrow{OA_i}+2\overrightarrow{OC}}{3}=(0,0)$$

$$(-4+5-13+5-13,0+9+9-9-9)+10\overrightarrow{OC}=(0,0)$$

$$10\overrightarrow{OC}=(20,0)$$

$$\overrightarrow{OC}=(2,0)$$

したがって，求める円の方程式は

③ $(x-2)^2+y^2=9$

(黒岩虎雄)

　試行テストでは「中点の軌跡」という設定であったものを，「2:1 に内分する点のそれぞれの軌跡」に改作することで，難易度が上がる．この出題では，与えられた 5 つの定点のうちの 4 つ $A_2(5,9)$，$A_3(-13,9)$，$A_4(5,-9)$，$A_5(-13,-9)$ が，与えられた図の範囲の外に位置している．

　このように出題されてしまうと，先に私が行った「線を引いたら，解答となるべき円が浮かび上がってくる」という《実験的》解法が困難となってしまう．

(数魔鉄人)

　困ると言われても，私の方も困る．どの中点の軌跡がどの円に対応するのか見抜ければ，黒岩氏の試行テストの解答は見事である．オリンピックのシンボルマークを出題してきたところをみると，図形的に捉えるアクロバティックな黒岩氏の解答も想定していたのかもしれない．

　中点の軌跡だと図形的に捉えやすいが，2:1 の内分となると，直感的に処理するのはなかなか難しくなる．どの点の軌跡がどの円に対応するのか正確にはわからないので，円は中心と半径で決まるという基本に立ち返り，式で確実に処理できるかどうかを確認する問題として提示したが，いかがであっただろうか．

大学入学共通テストが目指す新学力観
数学II・B　第3章
指数・対数・三角関数

1　新学力観を巡る現場の状況

黒岩虎雄

　本年（2019年）11月1日に，大学入学共通テスト実施に合わせて英語の民間試験（ベネッセや英検など6種類の英語検定試験）を導入する予定を「延期」すると発表した．現在の高校2年生が初年度の受験対象学年であり，11月1日には受験に必要な共通ID発行のための手続きが始まろうとしているタイミングであったので，ギリギリのタイミングでの政治決断である．

　本件については，いまのところ「一億総評論家状態」になっているようで，SNSなどでも議論が白熱しているところだ．私はそこには参戦しないで，活字媒体で考えを書き残しておくことにする．

　民間試験の実施に関しては，かねてより，異なる試験を同一の尺度で評価して合否判定に使用することの困難さについての指摘があった．さらに，費用が異なる検定試験を2回まで受けられるという制度設計や，全国各地で練習できる機会（試験会場）が均一に提供されないことにより，受験生の経済格差や地域格差が反映されやすい制度になっているという指摘があった．そこに，萩生田光一文部科学大臣の「身の丈にあわせて」という発言が，世論の火に油を注ぐこととなった．これは，BSテレビ討論番組での次のような発言である．

「そういう議論もね，正直あります．ありますけれど，じゃあそれ言ったら，『あいつ予備校通っててずるいよな』というのと同じだと思うん

ですよね．だから，裕福な家庭の子が回数受けて，ウォーミングアップ
ができるみたいなことは，もしかしたらあるかもしれないけれど，そこ
は，自分の，あの，私は身の丈に合わせて，2回をきちんと選んで，勝
負してがんばってもらえば」

（「ＢＳフジＬＩＶＥプライムニュース」ハイライトムービー10月24日）

　大臣は後に発言を撤回し，陳謝しているものの，この件が大きなトリ
ガーとなって，首相官邸が文科省を押し切る形で「延期」を決定したと
伝えられている．

　私自身もかねてより制度の不備は感じていたところで，このような複
雑怪奇な制度設計を，全国で一斉に実施することへの違和感を持ってい
た．したがって，延期という結果に対してはホッと胸を撫で下ろしたの
だが，同時に，空恐ろしさも感じた．

　そもそも，問題になっている英語の入試改革は，2013年の第2次安倍
内閣発足後に設置された「教育再生実行会議」（安倍内閣総理大臣の私
的諮問機関）において「大学入試の英語をＴＯＥＦＬで代用しよう」と
言い始めたのである．その後「英語教育の在り方に関する有識者会議」
のもとに作られた協議会が，外部試験導入という政策を固めていった．
この協議会のメンバーの中に「利害関係者」（外部民間試験を運営する
団体の関係者）がしっかりと揃っていた．つまり，官邸が「言い出しっ
ぺ」なのである．官邸主導の土壇場での延期について朝日新聞は「閣僚
の辞任が続き，世論の風向きを気にした首相官邸が，混乱をおそれて見
送りに消極的だった文科省を押し切った構図だ．」（11月1日）と報
じている．報道の真偽は私には判断する術がないが，仮にその通りだと
すれば，森友学園事件・加計学園事件に続く，官邸VS文科省の「霞ヶ関
内戦」という構図が再来しているのかもしれない．

　外部民間試験を運営する団体の関係者たちは，上述のように利権に与
る（官邸を取り巻く）動きも見せていた経緯があるだけに，批判（利益
相反の疑い）の対象とされている．一方で，文科省が教育改革をやるか
ら協力してくれと要請してきた事実もあるのだから，彼らは同時に国の
政策の被害者でもある．高校の現場も，土壇場でのちゃぶ台返しに怒っ
ている．そういうことが，政治決着で出来てしまう，という事実を見
て，私は「空恐ろしい」と述べているのである．

2　指数関数，対数関数（試行調査から）

> 数魔鉄人

　今回は指数関数，対数関数，三角関数の分野からの問題を取り上げる．センター試験では主に第1問で出題された分野で，「基礎解析」の趣が強く計算主体の問題であったが，これらが大学入学共通テストでどのように扱われるのか非常に興味深い．まず対数の問題を見てみよう．

〰〰〰〰〰〰〰〰〰〰〰〰（試行調査2018より）〰〰〰〰〰〰〰〰〰〰〰

(1)　$\log_{10} 2 = 0.3010$ とする．このとき $10^{\boxed{チ}} = 2$ ，$2^{\boxed{ツ}} = 10$ となる．

　　$\boxed{チ}$ ，$\boxed{ツ}$ に当てはまるものを，次の ⓪〜⑧ のうちから一つずつ

　　選べ．ただし，同じものを選んでもよい．

　　⓪　0　　　　　①　0.3010　　　　②　−0.3010

　　③　0.6990　　④　−0.6990　　　⑤　$\dfrac{1}{0.3010}$

　　⑥　$-\dfrac{1}{0.3010}$　　⑦　$\dfrac{1}{0.6990}$　　⑧　$-\dfrac{1}{0.6990}$

(2)　次のようにして 対数ものさしA を作る．

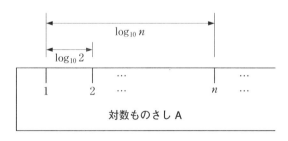

【対数ものさしA】
　2 以上の整数 n のそれぞれに対して，1 の目盛りから右に $\log_{10} n$ だけ離れた場所に n の目盛りを書く．

（ⅰ）　対数ものさしA において，3 の目盛りと 4 の目盛りの間隔は，
　　　1 の目盛りと 2 の目盛りの間隔 $\boxed{テ}$ ． $\boxed{テ}$ に当てはまるものを，
　　　次の⓪〜② のうちから一つ選べ．

$$⓪　より大きい　　　①　に等しい　　　②　より小さい$$

また，次のようにして 対数ものさしB を作る．

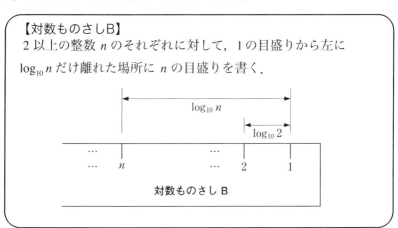

【対数ものさしB】
2 以上の整数 n のそれぞれに対して，1 の目盛りから左に
$\log_{10} n$ だけ離れた場所に n の目盛りを書く．

（ⅱ）　次の図のように，対数ものさしA の 2 の目盛りと 対数ものさしB
　　　の 1 の目盛りを合わせた．このとき，対数ものさしB の b の目盛りに
　　　対応する 対数ものさしA の目盛りは a になった．

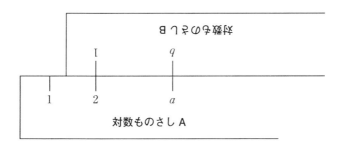

a と b の関係について，いつでも成り立つ式を，次の ⓪〜③ のうちから一つ選べ． ├ト┤

⓪　$a = b + 2$　　　①　$a = 2b$

②　$a = \log_{10}(b + 2)$　　　③　$a = \log_{10} 2b$

さらに，次のようにして ものさしC を作る．

【ものさしC】

自然数 n のそれぞれに対して，0 の目盛りから左に $n\log_{10} 2$ だけ離れた場所に n の目盛りを書く．

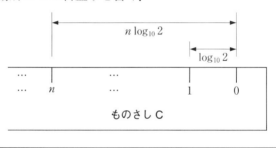

(iii)　次の図のように 対数ものさしA の 1 の目盛りと ものさしC の 0 の目盛りを合わせた．このとき，ものさしC の c の目盛りに対応する対数ものさしA の目盛りは d になった．

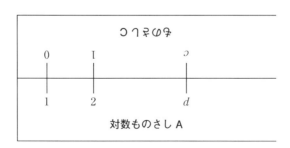

c と d の関係について，いつでも成り立つ式を，次の ⓪〜③ のうちから一つ選べ． ナ

⓪　$d = 2c$　　　①　$d = c^2$

②　$d = 2^c$　　　③　$c = \log_{10} d$

(iv)　対数ものさしA と 対数ものさしB の目盛りを一度だけ合わせるか，対数ものさしA と ものさしC の目盛りを一度だけ合わせることにする．このとき，適切な箇所の目盛りを読み取るだけで実行できるものを，次の ⓪〜⑤ のうちからすべて選べ． ニ

⓪　17 に 9 を足すこと．

①　23 から 15 を引くこと．

②　13 に 4 をかけること．

③　63 を 9 で割ること．

④　2 を 4 乗すること．

⑤　$\log_2 64$ の値を求めること．

⌇⌇⌇⌇ 解 答 例 ⌇⌇⌇⌇⌇⌇⌇⌇⌇⌇⌇⌇⌇⌇⌇⌇⌇⌇⌇⌇⌇⌇⌇⌇⌇⌇⌇⌇⌇⌇⌇

(1)　チ ＝①，　ツ ＝⑤

(2)　テ ＝②，　ト ＝①，　ナ ＝②，　ニ ＝②，③，④，⑤

(2)の設問(iv)だけ解説しておこう．

ものさし A とものさし B を用いて $a \times b$ を計算できる．

　　対数ものさし A の b の目盛りと 対数ものさし B の 1 の目盛りを合わせて ものさし B の a の目盛りと一致する ものさし A の目盛りを c とすると，$a \times b = c$ である．このようにするとすべてのかけ算ができる（②）．

$c \div b$ は図で c と合わせる目盛りを読みとればよいから，すべての割り算もできる（③）．

また，ものさし A とものさし C を用いれば $\boxed{\textbf{ナ}}$ より $d = 2^c$ となるから，$c = 4$ から d の読み取り，$d = 64$ から c の読み取りをすることで④，⑤ができる．

ちなみに対数目盛りとは，対数関数 $f(x) = \log_{10} x$ の関数目盛り，すなわち原点から $\log_{10} x$ のところに x と書いたものである．A と B は「対数ものさし」，C は単に「ものさし」となっているのは理由があるのである．

(黒岩虎雄)

　単元「指数関数と対数関数」からの出題で，「対数ものさし」という名称の対数尺が登場する．対数尺を使う経験は，指導者層でも希薄であろうが，経験の有無が本問を解くのに問題になることはない．対数ものさしの機構の説明を読んで，目盛りの間になりたつ関係式を求める問題のあと，最後の設問で対数ものさしを一度だけ使ってできる計算を選択肢から選ぶ問題で，原理の理解のようすを見ている．

　高校の現場で見ていると，とくに「対数」の分野の学習では，原理・原則を理解しないで，意味もわからないまま公式の暗記に走る学習が多いように感じる．そのような指導（公式を覚えさせて計算方法ばかりを鍛える指導）も，しばしば見受けられる．そのような風潮に疑問を投げかけるのだとすれば，学習素材としてよい問題だと思う．

2　三角関数（試行調査から）

数魔鉄人

次に，過去 2 回の試行調査から三角関数の出題を見てみよう．

～～～～～～～～～～～～～～～～ 試行調査2018より ～～～～～～～～～～～～～～～～

O を原点とする座標平面上に，点 $A(0,-1)$ と，中心が O で半径が 1 の円 C がある．円 C 上に y 座標が正である点 P をとり，線分 OP と x 軸の正の部分とのなす角を θ （$0<\theta<\pi$）とする．また，円 C 上に x 座標が正である点 Q を，つねに $\angle POQ=\dfrac{\pi}{2}$ となるようにとる．次の問いに答えよ．

(1) P , Q の座標をそれぞれ θ を用いて表すと

$$P\left(\boxed{\text{ア}} , \boxed{\text{イ}}\right),\ Q\left(\boxed{\text{ウ}} , \boxed{\text{エ}}\right)$$

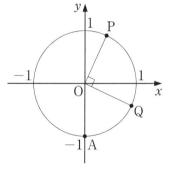

である．$\boxed{\text{ア}}$ ～ $\boxed{\text{エ}}$ に当てはまるものを，次の ⓪～⑤ のうちから一つずつ選べ．ただし，同じものを繰り返し選んでもよい．

 ⓪ $\sin\theta$ ① $\cos\theta$ ② $\tan\theta$

 ③ $-\sin\theta$ ④ $-\cos\theta$ ⑤ $-\tan\theta$

(2) θ は $0<\theta<\pi$ の範囲を動くものとする．このとき線分 AQ の長さ ℓ は θ の関数である．関数 ℓ のグラフとして最も適当なものを，次の ⓪～⑨ のうちから一つ選べ．$\boxed{\text{オ}}$

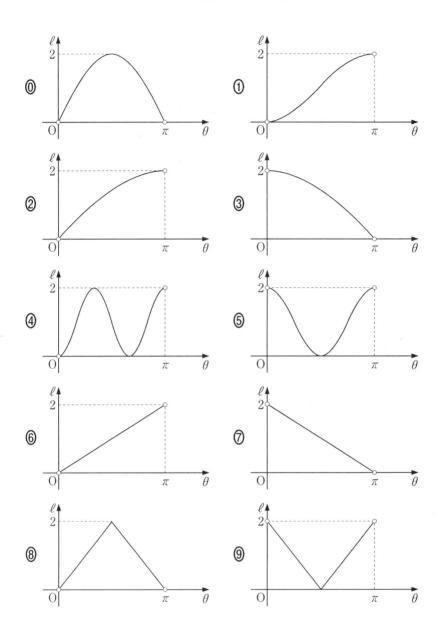

第3章　指数・対数・三角関数

〜〜〜〜〜〜 解答例 〜〜〜〜〜〜〜〜〜〜〜〜〜〜〜〜〜〜〜〜〜〜〜〜〜〜〜〜〜〜〜

(1) $\left(\boxed{\text{ア}}, \boxed{\text{イ}}\right) = (①, ⓪),\ \left(\boxed{\text{ウ}}, \boxed{\text{エ}}\right) = (⓪, ④)$

　　三角関数の定義からただちに $\mathrm{P}(\cos\theta, \sin\theta)$,

　　また，$\mathrm{Q}\left(\cos\left(\theta - \dfrac{\pi}{2}\right), \sin\left(\theta - \dfrac{\pi}{2}\right)\right) = (\sin\theta, -\cos\theta)$

(2) $\boxed{\text{オ}} = ②$

　　設定を考えれば，θ が 0 から π まで増加するとき，$\ell = \mathrm{AQ}$ は 0 から 2 まで単調増加することがわかるので，①か②か⑥に絞られる．$\triangle \mathrm{AOQ}$ は $\mathrm{OA} = \mathrm{OQ} = 1$ の二等辺三角形で，頂角が $\angle \mathrm{AOQ} = \theta$ であるから，$\ell = \mathrm{AQ} = 2\sin\dfrac{\theta}{2}$ であることを考えれば②である．

╭─ 数魔鉄人 ─╮

　　この問題は，$\angle \mathrm{POQ} = 90°$ の表現の仕方，また $y = \sin\theta$ のグラフの概形の理解を問うものであり，目的に応じて公式，グラフなどを活用し一定の手順にしたがって処理できる力をみる問題である．従来型のセンター試験タイプであり，このような設問も必要であろう．

╭─ 黒岩虎雄 ─╮

　　(1) は定義および基本公式を問うもの．このように，大問の中での出だしの問いが基本的であるのは，現行センター試験と同様である．

　　(2) は選択肢の中から適切なグラフを選ぶ問題で，計算不要な定性的出題である．この「計算が必要ない」というのが新テストの特徴であって，ちゃんと分かっている人は瞬時に答えられること，あるいは，ちゃんとわかってないけど計算力だけで乗り切ってきた人が身動きとれなくなること，が予想される．

　　教員サイドとしては，こうしたことを意識して，日々の指導に反映させていく必要があるのではないか．

試行調査2017より

(1) 下の図の点線は $y = \sin x$ のグラフである．（ⅰ），（ⅱ）の三角関数の
　　グラフが実線で正しくかかれているものを，下の ⓪〜⑨ のうちから
　　一つずつ選べ．ただし，同じものを選んでもよい．

（ⅰ）$y = \sin 2x$　ケ　　　（ⅱ）$y = \sin\left(x + \dfrac{3}{2}\pi\right)$　コ

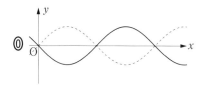

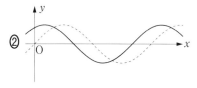

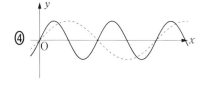

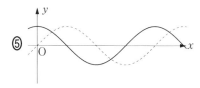

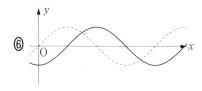

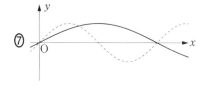

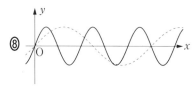

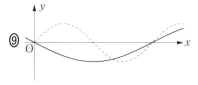

(2)　次の図はある三角関数のグラフである．その関数の式として正しい
ものを，下の ⓪〜⑦ のうちからすべて選べ．　$\boxed{\text{サ}}$

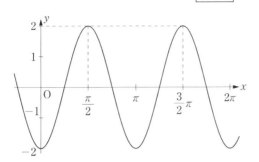

⓪　$y = 2\sin\left(2x + \dfrac{\pi}{2}\right)$　　　　　①　$y = 2\sin\left(2x - \dfrac{\pi}{2}\right)$

②　$y = 2\sin 2\left(x + \dfrac{\pi}{2}\right)$　　　　　③　$y = \sin 2\left(2x - \dfrac{\pi}{2}\right)$

④　$y = 2\cos\left(2x + \dfrac{\pi}{2}\right)$　　　　　⑤　$y = 2\cos 2\left(x - \dfrac{\pi}{2}\right)$

⑥　$y = 2\cos 2\left(x + \dfrac{\pi}{2}\right)$　　　　　⑦　$y = 2\cos 2\left(2x - \dfrac{\pi}{2}\right)$

〜〜〜〜　解 答 例　〜〜〜〜〜〜〜〜〜〜〜〜〜〜〜〜〜〜〜〜〜〜〜〜〜〜〜〜〜〜〜〜〜〜

$\boxed{\text{ケ}}$ ＝④，　$\boxed{\text{コ}}$ ＝⑥，

$\boxed{\text{サ}}$ ＝①，⑤，⑥（3つマークして正解）

〜〜〜〜　数魔鉄人　〜〜〜〜

　(1) は，三角関数の周期，グラフの平行移動など普段からグラフに慣れて
いれば簡単であるが，受験生の出来は 6 割程度だったようである．

　(2) は，グラフの概形を与えて関数を決定するものである．これも平行移
動で考えるのだが，加法定理で展開するという手もあるため理系に有利な
問題であった．

黒岩虎雄

(1) では，三角関数の式 $y = \sin 2x$，$y = \sin\left(x + \dfrac{3\pi}{2}\right)$ を与えて，10 択のグラフから正しくかかれているものを選ばせる．基本原理を理解していれば，計算は不要．

(2)の　サ　では，1 つのグラフを与え，8 択の関数の式から正しいものを「すべて」選ばせる．正解は 3 個で正答率は12.6 % であった．上位層を識別するにはよい問題であろう．三角関数は周期性をもつことから，1 つのグラフを表す関数は一意ではないという点が，平均的な高校生には難しいのかもしれない．

なお，ここにあるような「すべて」選ばせる問題，正解が何個あるか分からないような問題は，当然に難易度が上がる．試行テストでは出題があったが，これはあくまでも「試行」なのだろう．その後の大学入試センター当局の発表によれば，一つのカラム（解答欄）に複数のマークをさせる問いは，マークシートの読み取り技術（精度）に課題があるという．よって，新テスト初年度からこの形式の出題がなされる可能性は低そうに思われる．

3　三角関数（問題例）

さて，三角関数のグラフの問題として次はいかがであろうか．

数魔鉄人の出題

下の図は三角関数 $y = -\cos\left(\dfrac{\boxed{\text{ア}}}{\boxed{\text{イ}}}x + \dfrac{\boxed{\text{ウ}}}{\boxed{\text{エ}}}\pi\right)$ のグラフである．

ただし，$0 \leq \dfrac{\boxed{\text{ウ}}}{\boxed{\text{エ}}} < 2$ とする．

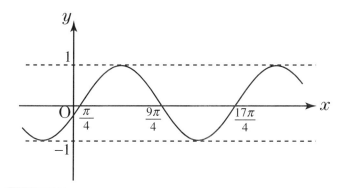

──〔解答例〕──

グラフより周期は 4π である. $\dfrac{\boxed{\text{ア}}}{\boxed{\text{イ}}}=\dfrac{1}{2}$

$y=-\cos\left(\dfrac{1}{2}x+\alpha\right)$ とおくと, $x=\dfrac{5\pi}{4}$ のとき $y=1$ なので

$$1=-\cos\left(\dfrac{5\pi}{8}+\alpha\right)$$

$\dfrac{5\pi}{8}+\alpha=\pi$ より $\dfrac{\boxed{\text{ウ}}}{\boxed{\text{エ}}}=\alpha=\dfrac{3\pi}{8}$

$$y=-\cos\left(\dfrac{1}{2}x+\dfrac{3\pi}{8}\right)$$

──〔黒岩虎雄〕──

　試行テストの傾向を踏まえた問題案になっていると思う．現行のセンター試験の形式だと，分量的にものたりなく思えるが，試行テストの第1問のように細かく分割された問いを出す方法が定着するとすれば，いただいた問題案は，レベル・分量ともに適切な問題例となるだろう．

　なお，問題にある $y=-\cos\left(\dfrac{1}{2}x+\dfrac{3\pi}{8}\right)$ の他にも，$y=\cos\dfrac{1}{2}\left(x-\dfrac{5\pi}{4}\right)$ をはじめいくつもの表現が可能なところ，出題の表示を選択したのも気にいった．

4　指数関数（問題例）

では私の方は，指数関数の問題を作ってみることにした．

黒岩虎雄の出題

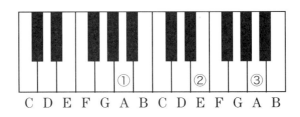

C D E F G A B C D E F G A B

　私たちが聴覚で感じる音は，空気の振動である．1秒間に振動する回数を周波数と呼び，周波数の大小の違いは「音程」として感じられる．ある音程に対して，1オクターブ上の音程は周波数が2倍になっている．周波数の単位としては Hz （ヘルツ）が用いられる．ある A（ラ，鍵盤図の①）の音が 440[Hz]（1秒間に 440 回の振動で伝わる音）であるとすると，その1オクターブ上の A（ラ，鍵盤図の③）の音は 880[Hz] となっている．

　その間の B（シ），C（ド），D（レ），E（ミ），F（ファ），G（ソ）の音程をどのように割り振って決定するか，すなわちスケール（音階）を決定する方式には複数の方法が提案されている．

　その方式のひとつである「ピタゴラス音律」では，完全五度上の音程は周波数が 1.5 倍，というルールにしたがって，音階を構成する．

(1) 440[Hz] の A（ラ，鍵盤図の①）の音に対し，その完全五度上の E

　（ミ，鍵盤図の②）の音の周波数は $\boxed{\textbf{アイウ}}$ [Hz] である．

　一方，近現代の音楽では，「ピタゴラス音律」は使用されていない．身近な弦楽器や鍵盤楽器は「十二平均律」に基づいて設計されている．1オクターブは12個の音名の音からなる．

　　A, A#, B, C, C#, D, D#, E, F, F#, G, G#

これら12個のうち，隣り合う音の間隔を半音という．12音階の周波数は，等比数列になっている．半音12個分だけ上の音の周波数が2倍になるので，半音1個分だけ上昇するごとに周波数が$2^{\frac{1}{12}}$倍になる．このような音階の決め方を「十二平均律」という．

　Aと，それより半音7個分だけ高い音になるEの間の音の間隔を五度という．440 [Hz]のA（ラ，鍵盤図の①）の五度上のE（ミ，鍵盤図の②）の音の周波数は，$440 \times 2^{\frac{7}{12}}$ [Hz] である．

(2) 440 [Hz]のA（ラ，鍵盤図の①）を基準として定めるE（ミ，鍵盤図の②）の音の周波数は，ピタゴラス音律で定める $\boxed{\text{アイウ}}$ [Hz] と，十二平均律で定める $440 \times 2^{\frac{7}{12}}$ [Hz] の関係として適切なものを，次の⓪～②からひとつ選べ． $\boxed{\text{エ}}$

　　⓪ $\boxed{\text{アイウ}} = 440 \times 2^{\frac{7}{12}}$

　　① $\boxed{\text{アイウ}} > 440 \times 2^{\frac{7}{12}}$

　　② $\boxed{\text{アイウ}} < 440 \times 2^{\frac{7}{12}}$

~~~~~~ 解　答　例 ~~~~~~~~~~~~~~~~~~~~~~~~~~~~~~

(1)　$\boxed{\textbf{アイウ}} = 660$

(2)　$\boxed{\textbf{エ}} = ①$

$660 = 440 \times \dfrac{3}{2}$ と，$440 \times 2^{\frac{7}{12}}$ の大小関係を決定したい．$\left(\dfrac{3}{2},\ 2^{\frac{7}{12}}\right)$ の双方を 12 乗すると $\left(\dfrac{3^{12}}{2^{12}},\ 2^7\right)$ となるので，これらを比べる．

$$2^{19} = 2^{10} \times 2^9 = 1024 \times 512 = 524288$$

$$3^{12} = \left(3^6\right)^2 = \left(729\right)^2 = 531441$$

より $2^{19} < 3^{12}$，$2^7 < \dfrac{3^{12}}{2^{12}}$ がわかるので，$2^{\frac{7}{12}} < \dfrac{3}{2}$ である．

~~~~ 数魔鉄人 ~~~~

　音階を作ったのはピタゴラスという話もあるし，昔から音楽と数学は相性が良いようである．中世ヨーロッパでは数学の分野として，数論，幾何，天文，音楽があったとされている．現在も周辺情報から数学と音楽には多少相関関係がありそうに思える．さて，日常生活からピアノの鍵盤を題材にしての指数関数の問題，しゃれた感じで良かったのではないか．数学Ⅱ全範囲からの出題ということになれば，今回のような軽めの問題が中心となるかもしれない．

　数学Ⅱの微分と積分について，旧センター試験の出題は，いつも首をかしげていた．問題のつくりは，多くの場合，冒頭は増減・極値・接線などの微分法の内容からはじまり，途中に面積を求める積分の計算を経て，最後は面積の最大・最小問題でフィニッシュ，というものである．センター試験では，難問・奇問を避けるべきであるから，出題内容をほぼ固定させて，過去問をしっかり学習してきた受験生たちの期待を裏切らないことも必要である．だから，出題がワンパターンであることは問題にしない．

　私が首をかしげるのは，複数の曲線（直線も含む）で囲まれる部分の面積を計算するにあたり，積分区間の端が，曲線の交点になっていない問題ばかりが出題されることである．だから「そんな場所の面積を求めてから面積を最大にしても，それがどうした？」という気分になって，解き終えたあとの爽快感がない．もちろん，いわゆる「6分の1公式」$\int_{\alpha}^{\beta} -(x-\alpha)(x-\beta)\,dx = \frac{1}{6}(\beta-\alpha)^3$ のようなものを使って，意味がわからなくても答えが出せてしまうような状況を避けたい，ということは理解できる．

　積分の計算というもの，何らかの工夫をして上手に計算を遂行することも，学力の一要素であると思うのだが，センター試験の積分計算を見ていると，工夫することを拒むかのような出題が目立つように感じている．なぜだろう……と考えたとき，ひとつの仮説が湧いてきた．「数学Ⅲの履修者にとって，圧倒的優位な状況を作りたくないのではないか」と．そもそも，数学Ⅱで学ぶ微分と積分は，数学Ⅲの入り口なので，理系バリバリの数学Ⅲ履修者からすると，数学Ⅱの該当分野は赤子の手をひねるようなものである．しかし，センター試験の計算は，知っている工夫をさせてもらえないケースが多く，彼らにとっても面倒だ．

　おそらくは，センター試験が単に資格試験だけでなく，競争試験（本書数学Ⅰ・A編91ページ参照）でもあるために，数学Ⅲ履修者に圧倒的優位な状況は都合が悪いのだろう．　（黒岩虎雄）

大学入学共通テストが目指す新学力観
数学II・B　第4章
微分と積分

1　新学力観を巡る現場の状況

数魔鉄人

　大学入学共通テストにおける英語の民間試験導入の延期を発表した翌月の本年（2019年）12月1日に，共通テストの記述式問題（国語と数学）の延期が発表された．予想されたことではあるが，何を今更という感は否めない．すべて，はじめから分かっていたことである．ポイントは，萩生田文部科学大臣の発言で「期限を区切った延期ではない．まっさらな状態で対応したい」とあることで，50万人以上が受験する試験で記述式の導入は難しいと判断するのが妥当であろう．ただ，ここで強調しておきたいのは共通テストの主旨が変わるわけではないということ．思考力・判断力・表現力が重要であることに変わりはなく，これらを問う問題が作成されるのである．マーク式の出題であっても，引き続き試行テストの問題を分析し，どのような問題が出題されるのかを予想していきたい．

黒岩虎雄

　数学IIの微分と積分の分野は，現行センター試験と，試行テストで見せられた傾向とは，ずいぶんと異なるようである．この違いを一言で言えば，現行センター試験は《定量的》な問いが中心にあるのに対して，新テストのほうは《定性的》な問いが中心になっているということが言えそうである．

　もう少しわかりやすく言えば，現行センター試験では微分・積分の問題は，計算に次ぐ計算，1問を完答するまでにたくさんの計算を強いられるところ，新テストの同じ分野は，試行テストを見る限り，計算量が激減しており，その代わりに，微分・積分の《本質を理解》しているかどうかが問われている．これは微分・積分に限らず新テスト全体の傾向ではあるのだが，もともと従来の試験で計算量が多かったこの単元においては，その傾向の変化が顕著であるといえそうだ．

2　微分と積分（試行調査から）

（数魔鉄人）

　今回は微分・積分の問題であるが，この分野はセンター試験からかなり趣が変わったという印象を持つのではないか．特に，次に取り上げるグラフの問題は微分と積分の本質的な理解を問う良い問題であると思う．単なる計算問題ではなく意味を考えさせる点が素晴らしい．解答を作成しながら見ていこう．

$\backsim\backsim\backsim\backsim\backsim\backsim$（試行調査2017より）$\backsim\backsim\backsim\backsim\backsim\backsim$

　a を定数とする．関数 $f(x)$ に対し，$S(x)=\int_a^x f(t)dt$ とおく．このとき，関数 $S(x)$ の増減から，$y=f(x)$ のグラフの概形を考えよう．

(1) $S(x)$ は3次関数であるとし，$y=S(x)$ のグラフは次の図のように，2点 $(-1,0),(0,4)$ を通り，点 $(2,0)$ で x 軸に接しているとする．

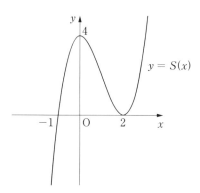

このとき，$S(x) = \left(x + \boxed{ア}\right)\left(x - \boxed{イ}\right)^{\boxed{ウ}}$ である．$S(a) = \boxed{エ}$ であるから，a を負の定数とするとき，$a = \boxed{オカ}$ である．

　関数 $S(x)$ は $x = \boxed{キ}$ を境に増加から減少に移り，$x = \boxed{ク}$ を境に減少から増加に移っている．したがって，関数 $f(x)$ について，$x = \boxed{キ}$ のとき $\boxed{ケ}$ であり，$x = \boxed{ク}$ のとき $\boxed{コ}$ である．また，$\boxed{キ} < x < \boxed{ク}$ の範囲では $\boxed{サ}$ である．$\boxed{ケ}$，$\boxed{コ}$，$\boxed{サ}$ については，当てはまるものを，次の ⓪ 〜④ のうちから一つずつ選べ．ただし，同じものを繰り返し選んでもよい．

　　　⓪ $f(x)$ の値は 0　　　① $f(x)$ の値は正

　　　② $f(x)$ の値は負　　　③ $f(x)$ は極大　　　④ $f(x)$ は極小

　$y = f(x)$ のグラフの概形として最も適切なものを，次の ⓪ 〜⑤ のうちから一つ選べ．$\boxed{シ}$

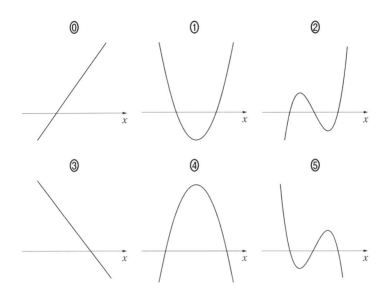

(2) (1)からわかるように，関数 $S(x)$ の増減から $y = f(x)$ のグラフの概形を考えることができる．

　　$a = 0$ とする．次の ⓪ 〜④ は $y = S(x)$ のグラフの概形と $y = f(x)$ のグラフの概形の組である．このうち，$S(x) = \int_a^x f(t)dt$ の関係と矛盾するものを二つ選べ．ス

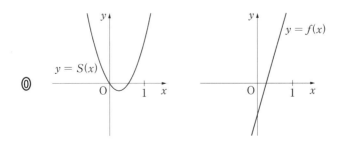

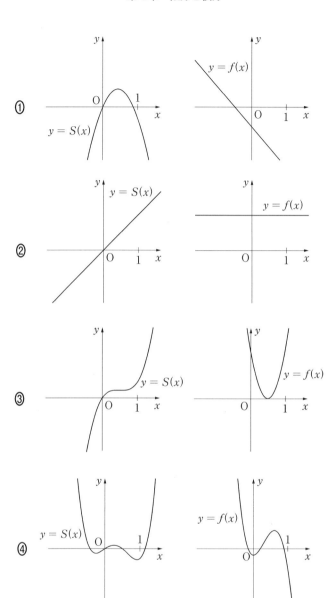

$\left(x+\boxed{\text{ア}}\right)\left(x-\boxed{\text{イ}}\right)^{\boxed{\text{ウ}}}=(x+1)(x-2)^2,$

$S(a)=\boxed{\text{エ}}=0,\ a=\boxed{\text{オカ}}=-1,$

$\boxed{\text{キ}},\ \boxed{\text{ク}}=0,2,$

$\boxed{\text{ケ}}=⓪,\ \boxed{\text{コ}}=⓪,\ \boxed{\text{サ}}=②,\ \boxed{\text{シ}}=①,$

$\boxed{\text{ス}}=①,\ ④\ (2\,\text{つマークして正解})$

(1)　$S(x)=0$ は 3 次方程式で，$x=2$ を重解にもち $x=-1$ を解にもつから，

$$S(x)=A(x+1)(x-2)^2$$

とおける．

　　$S(0)=4$ より，$A=1$

ゆえに $S(x)=(x+1)(x-2)^2$

$S(x)=\displaystyle\int_a^x f(t)dt$ より $S(a)=\displaystyle\int_a^a f(t)dt=0$

よって，$(a+1)(a-2)^2=0$ で $a<0$ より $a=-1$

$y=S(x)$ のグラフより $S(x)$ は $x=0$ を境に増加から減少に，$x=2$ を境に減少から増加に移っている．$S'(x)=f(x)$ より $S(x)$ の増減表は次のようになる．

x	$\cdots$	0	$\cdots$	2	$\cdots$
$S'(x)$	$+$	0	$-$	0	$+$
$S(x)$	↗		↘		↗

これより $f(0)=f(2)=0$

$0<x<2$ で $f(x)<0$

よって，$y=f(x)$ のグラフは①

(2) $f(x)$ は $y=S(x)$ のグラフの接線の傾きであることを利用する.

原点での接線の傾き $S'(0)=f(0)$ を考えると，$y=S(x)$ のグラフより

    ⓪　$S'(0)=f(0)<0$

    ①　$S'(0)=f(0)>0$　　$y=f(x)$ のグラフに矛盾

    ②　$S'(0)=f(0)>0$

    ③　$S'(0)=f(0)>0$

    ④　$S'(0)=f(0)>0$　　$y=f(x)$ のグラフに矛盾

ゆえに①と④

数魔鉄人

(2)は「関数 $S(x)$ の増減から $y=f(x)$ のグラフの概形を考え」よとあるので，(1)と同様に増減表を作りたくなるが，それでは時間がかかる．ここは，左のグラフ→右のグラフと考えるのではなく，右のグラフ→左のグラフと考えていきたい．つまり，$S'(x)=f(x)$ より $f(x)$ は接線の傾きであるから，接線の傾きから考えていく方がわかりやすい．$S(0)=0$ と接線の傾きの正負を考えることで $y=f(x)$ のグラフが復元できる．

黒岩虎雄

現行の大学入試センター試験では，数学Ⅱの微分と積分の単元は，計算に終始している．この点で，プレテストは《計算を要求しない》道を示していると言えそうだ．正答率の方も，最大78.3％ から最後の20.9％ までほぼ単調減少しており，テストとしての性能である《識別力》という観点で見ると，共通テストとして妥当な仕上がりになっていると思う．

《計算を要求しない》道のつくりかたとしては，x 軸との関係を明示したグラフをもつ 3 次関数 $S(x)=\int_a^x f(t)dt$ の式を因数分解した形で答えさせた上で，その導関数 $y=f(x)$ のグラフを選ばせるという流れで，「導関

数」の部分は問題では伏せられていて，ここは解答者が判断しなければならない．

　最後の $\boxed{\text{ス}}$ は，より一般化した $S(x)=\int_a^x f(t)dt$ のグラフと $y=f(x)$ の

グラフの対を5肢与えて「矛盾するものを二つ」選ばせる（正答率20.9

％）ものである．まさに《本質が分かっている人には計算が不要》，《計算力でカバーしてきた人には助けになる計算の余地がない》という点で，従来の大学入試センターの問い方とは一線を画するものである．ここでも，数学的理解の《貧富の差》が顕在化する問題であると言えそうだ．

(数魔鉄人)

　次は2回目の試行テストの問題であるが，こちらは従来のセンター試験と趣は同じで，定型的な処理で対応できるだろう．

⌒⌒⌒⌒⌒⌒⌒⌒⌒⌒⌒⌒⌒(試行調査2018より)⌒⌒⌒⌒⌒⌒⌒⌒⌒⌒⌒⌒⌒

　3次関数 $f(x)$ は，$x=-1$ で極小値 $-\dfrac{4}{3}$ をとり，$x=3$ で極大値をとる．

また，曲線 $y=f(x)$ は点 $(0,2)$ を通る．

(1) $f(x)$ の導関数 $f'(x)$ は $\boxed{\text{カ}}$ 次関数であり，$f'(x)$ は

$$\left(x+\boxed{\text{キ}}\right)\left(x-\boxed{\text{ク}}\right)$$

　で割り切れる．

(2) $f(x)=\dfrac{\boxed{\text{ケコ}}}{\boxed{\text{サ}}}x^3+\boxed{\text{シ}}x^2+\boxed{\text{ス}}x+\boxed{\text{セ}}$ である．

(3) 方程式 $f(x)=0$ は，三つの実数解をもち，そのうち負の解は $\boxed{\text{ソ}}$

　個である．

また，$f(x)=0$ の解を $a\,,b\,,c$ （$a<b<c$）とし，曲線 $y=f(x)$ の $a\leqq x\leqq b$ の部分と x 軸とで囲まれた図形の面積を S，曲線 $y=f(x)$ の $b\leqq x\leqq c$ の部分と x 軸とで囲まれた図形の面積を T とする，

　このとき

$$\int_a^c f(x)dx = \boxed{\text{タ}}$$

である．$\boxed{\text{タ}}$ に当てはまるものを，次の ⓪～⑧ のうちから一つ選べ．

⓪ 0 　　　① S 　　　② T 　　　③ $-S$ 　　　④ $-T$

⑤ $S+T$ 　⑥ $S-T$ 　⑦ $-S+T$ 　⑧ $-S-T$

── 解 答 例 ──────────────────────────────

$\boxed{\text{カ}}=2$，$\left(x+\boxed{\text{キ}}\right)\left(x-\boxed{\text{ク}}\right)=(x+1)(x-3)$，

$\dfrac{\boxed{\text{ケコ}}}{\boxed{\text{サ}}}x^3+\boxed{\text{シ}}x^2+\boxed{\text{ス}}x+\boxed{\text{セ}}=\dfrac{-2}{3}x^3+2x^2+6x+2$，

$\boxed{\text{ソ}}=2$，$\boxed{\text{タ}}=⑦$

$x=-1,3$ で極値をとるから，$f'(x)$ は $(x+1)(x-3)$ で割り切れる．ゆえに

$$f'(x)=p\left(x^2-2x-3\right)$$

とおけて，

$$f(x)=\frac{p}{3}x^3-px^2-3px+q$$

$f(-1)=-\dfrac{4}{3}$，$f(0)=2$ より

$$-\frac{p}{3}-p+3p+q=-\frac{4}{3}，\quad q=2$$

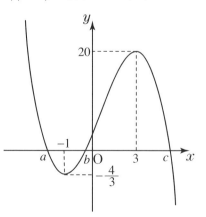

$p = -2$ より $f(x) = -\dfrac{2}{3}x^3 + 2x^2 + 6x + 2$

$f(3) = 20$ より，$y = f(x)$ のグラフは図のようになる．

負の解は 2 個で

$$\int_a^c f(x)dx = \int_a^b f(x)dx + \int_b^c f(x)dx$$
$$= -S + T$$

黒岩虎雄

　単元「微分法と積分法」からの出題で，(1), (2) は現行センター試験と同様の問いである．(3)が新テストらしいもので，計算不要の定性的な問いとなっている．

3　微分と積分（問題例）

　微積分の総合問題として次の問題を作問した．

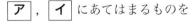
数魔鉄人の出題

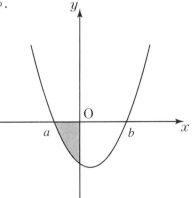

$y = F(x)$ は 3 次関数で，$F(0) = 2$ である．

また方程式 $F(x) = 0$ の実数解の個数は

1個である．$y = F'(x)$ のグラフが図の

ようになるとき，次の問いに答えよ．

(1)　$F(x)$ の極大値は $\boxed{ア}$，

　　極小値は $\boxed{イ}$ である．

　　$\boxed{ア}$，$\boxed{イ}$ にあてはまるものを

　　次の ⓪～③ から一つ選べ．

　　　⓪　正　　①　0　　②　負　　③　正にも負にもなりえる

(2) 図の網目部分の面積は $\boxed{\textbf{ウ}}$ である．$\boxed{\textbf{ウ}}$ にあてはまるものを次の

⓪～③ から一つ選べ．

⓪ $2-F(a)$　　　　① $F(a)-2$

② $F(a)-F(b)-2$　　③ $F(b)-F(a)-2$

─────────── 解 答 例 ───────────

$\boxed{\textbf{ア}}=⓪,\ \boxed{\textbf{イ}}=⓪,\ \boxed{\textbf{ウ}}=①$

$y=F(x)$ の増減は次の表のようになる．

x	$\cdots$	a	$\cdots$	b	$\cdots$
$F'(x)$	$+$	0	$-$	0	$+$
$F(x)$	↗		↘		↗

$F(0)=2$ かつ $F(x)=0$ の実数解の個数が1個であることから，
$y=F(x)$ のグラフは右のようになる．

よって，$F(x)$ の極大値は正，極小値も正である．

また，網目部分の面積は

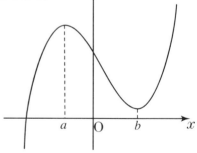

$$-\int_a^0 F'(x)dx = -\Big[F(x)\Big]_a^0$$
$$= -F(0)+F(a)$$
$$= F(a)-2$$

（黒岩虎雄）

　私の方は，3次関数のグラフの対称性についての理解を問う意図で次の
問題を作問してみた．

$f(x) = x^3 + px^2 + qx + r$ とする．関数 $y = f(x)$ のグラフは，$x = \alpha$ で極大値をとり，$x = \beta$ で極小値をとるものとする（$\alpha < \beta$）．

(1) $\alpha + \beta$，$\alpha\beta$ を p，q で表すと，$\alpha + \beta = \dfrac{\boxed{\text{アイ}}\, p}{\boxed{\text{ウ}}}$，$\alpha\beta = \dfrac{q}{\boxed{\text{エ}}}$ となる．

(2) $f(\alpha) - f(\beta) = \dfrac{1}{\boxed{\text{オ}}}(\beta - \alpha)^{\boxed{\text{カ}}}$ である．

(3) 3次方程式 $f(x) = f(\alpha)$ は $x = \alpha$ を重解としてもつ．もうひとつの解を α' とすると，$\alpha' = \dfrac{1}{\boxed{\text{キ}}}\left(\boxed{\text{ク}}\,\beta - \alpha\right)$ である．

解 答 例

(1) $\dfrac{\boxed{\text{アイ}}\, p}{\boxed{\text{ウ}}} = -\dfrac{2p}{3}$，$\dfrac{q}{\boxed{\text{エ}}} = \dfrac{q}{3}$

(2) $\dfrac{1}{\boxed{\text{オ}}}(\beta - \alpha)^{\boxed{\text{カ}}} = \dfrac{1}{2}(\beta - \alpha)^3$

(3) $\dfrac{1}{\boxed{\text{キ}}}\left(\boxed{\text{ク}}\,\beta - \alpha\right) = \dfrac{1}{2}(3\beta - \alpha)$

(1) $f'(x) = 3x^2 + 2px + q$ が $x = \alpha$，β で符号を変えるから，

$$f'(x) = 3(x - \alpha)(x - \beta)$$

とおける．したがって，$\alpha + \beta = -\dfrac{2p}{3}$，$\alpha\beta = \dfrac{q}{3}$

(2) ここで，$f(\alpha) = \alpha^3 + p\alpha^2 + q\alpha + r$，$f(\beta) = \beta^3 + p\beta^2 + q\beta + r$ より，

$$f(\alpha) - f(\beta) = (\alpha^3 - \beta^3) + p(\alpha^2 - \beta^2) + q(\alpha - \beta)$$
$$= (\alpha - \beta)\left\{(\alpha^2 + \alpha\beta + \beta^2) + p(\alpha + \beta) + q\right\}$$

$$= (\alpha - \beta)\left\{ (\alpha^2 + \alpha\beta + \beta^2) - \frac{3}{2}(\alpha + \beta)^2 + 3\alpha\beta \right\}$$

$$= -\frac{1}{2}(\alpha - \beta)^3 = \frac{1}{2}(\beta - \alpha)^3$$

あるいは別解として，積分法を利用すると

$$f(\alpha) - f(\beta) = \int_\beta^\alpha f'(x)dx = \int_\beta^\alpha 3(x - \alpha)(x - \beta)dx$$

$$= 3\int_\alpha^\beta -(x - \alpha)(x - \beta)dx = 3 \times \frac{1}{6}(\beta - \alpha)^3 = \frac{1}{2}(\beta - \alpha)^3$$

(3)　$f(x) = f(\alpha)$　　$\Leftrightarrow$　　$x^3 + px^2 + qx + r = \alpha^3 + p\alpha^2 + q\alpha + r$

　　　　　　$\Leftrightarrow$　　$(x^3 - \alpha^3) + p(x^2 - \alpha^2) + q(x - \alpha) = 0$

　　　　　　$\Leftrightarrow$　　$(x - \alpha)\left\{ (x^2 + \alpha x + \alpha^2) + p(x + \alpha) + q \right\} = 0$

　　　　　　$\Leftrightarrow$　　$(x - \alpha)\left\{ (x^2 + \alpha x + \alpha^2) - \frac{3}{2}(\alpha + \beta)(x + \alpha) + 3\alpha\beta \right\} = 0$

　　　　　　$\Leftrightarrow$　　$(x - \alpha)\left\{ x^2 - \frac{1}{2}(\alpha + 3\beta)x - \frac{1}{2}\alpha(\alpha - 3\beta) \right\} = 0$

　　　　　　$\Leftrightarrow$　　$(x - \alpha)(x - \alpha)\left(x - \frac{1}{2}(3\beta - \alpha) \right) = 0$

よって，この 3 次方程式は $x = \alpha$ を重解にもつ．

もうひとつの解は $\alpha' = \frac{1}{2}(3\beta - \alpha)$ である．

なお，同様にして，3 次方程式 $f(x) = f(\beta)$ は $x = \beta$ を重解としてもつことがいえる．もうひとつの解を β' とするとき，次の命題が成り立つ．

　　（命題）　β', α, $\dfrac{\alpha + \beta}{2}$, β, α' は等差数列をなす．

この命題の状況を図解すると，次のようになる．大学受験指導の場ではしばしば言及される性質であるが，検定教科書には明示されていないので，問いとして設定してみた．

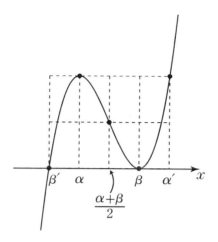

数魔鉄人

(3) の別解を紹介しておこう.

方程式 $f(x)=f(\alpha)$ は $y=f(x)$ のグラフを考えると，$x=\alpha$ を重解として
もつ. よって，

$$x^3+px^2+qx+r-f(\alpha)=(x-\alpha)^2(x-\alpha')$$

と因数分解できる. この両辺の x^2 の係数を比べて，

$$p=-2\alpha-\alpha'$$

(1)より $p=-\dfrac{3}{2}(\alpha+\beta)$ であるから，

$$\alpha'=-2\alpha+\frac{3}{2}(\alpha+\beta)=-\frac{\alpha}{2}+\frac{3}{2}\beta$$

もちろん，解と係数の関係からいきなり $\alpha'=-2\alpha-p$ と求めてもよいだろ
う.

　従来のセンター試験の問題では解法を指定したものが多かったが，共通
テストにおいては自由な発想で，いろいろな角度から問題を攻略できる出
題が増えると思うので，普段からひとつの問題を掘り下げて考える習慣を
つけさせる指導が必要となるだろう.

大学入学共通テストが目指す新学力観
数学II・B　第5章
数列

1　新学力観を巡る現場の状況

黒岩虎雄

　大学入学共通テストでは，従来の机上で学ぶ数学と比較して，実生活の中に，数学で学んだ考えを応用していく，活用していく，といったことが強調されるような方向性に向かおうとしている．それは，以前にも掲載した「ぐるぐる図」に沿った出題をしていることから見ても，顕著な特徴であるということができるだろう．

　数列という単元は，このような実生活，社会生活への適応・活用ということを見出しやすい単元であると言える．実際，2018年のプレテストは，薬の血中濃度に関する漸化式という設定の問題であった．一方2019年の出題は，漸化式の解法，1つの問題を，何種類かの方法で何度も倒すという出題であった．それでは問題を見てみよう．

2　数列と漸化式（試行調査から）

数魔鉄人

　さて，今回は数列の問題を見ていこう．まずは，第1回のプレテスト第3問である．

試行調査 2017 より

次の文章を読んで，下の問いに答えよ．

> ある薬 D を服用したとき，有効成分の血液中の濃度(血中濃度)は一定の割合で減少し，T 時間が経過すると $\dfrac{1}{2}$ 倍になる．
>
> 薬 D を 1 錠服用すると，服用直後の血中濃度は P だけ増加する．時間 0 で血中濃度が P であるとき，血中濃度の変化は次のグラフで表される．適切な効果が得られる血中濃度の最小値を M，副作用を起こさない血中濃度の最大値を L とする．
>
>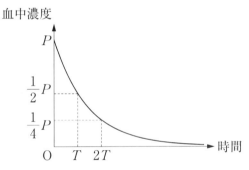
>
> 薬 D については，$M = 2$，$L = 40$，$P = 5$，$T = 12$ である．

(1) 薬 D について，12 時間ごとに 1 錠ずつ服用するときの血中濃度の変化は次のグラフのようになる．

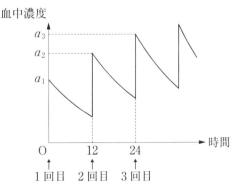

n を自然数とする．a_n は n 回目の服用直後の血中濃度である．a_1 は P と一致すると考えてよい．第 $(n+1)$ 回目の服用直前には，血中濃度は第 n 回目の服用直後から時間の経過に応じて減少しており，薬を服用した直後に血中濃度が P だけ上昇する．この血中濃度が a_{n+1} である．

$P = 5$，$T = 12$ であるから，数列 $\{a_n\}$ の初項と漸化式は

$$a_1 = \boxed{\text{ア}}, \quad a_{n+1} = \dfrac{\boxed{\text{イ}}}{\boxed{\text{ウ}}} a_n + \boxed{\text{エ}} \quad (n = 1, 2, 3, \cdots)$$

となる．

数列 $\{a_n\}$ の一般項を求めてみよう．

【考え方1】

数列 $\{a_n - d\}$ が等比数列となるような定数 d を求める．

$d = \boxed{\text{オカ}}$ に対して，数列 $\{a_n - d\}$ が公比 $\dfrac{\boxed{\text{キ}}}{\boxed{\text{ク}}}$ の等比数列になることを用いる．

【考え方2】

階差数列をとって考える．数列 $\{a_{n+1} - a_n\}$ が公比 $\dfrac{\boxed{\text{ケ}}}{\boxed{\text{コ}}}$ の等比数列になることを用いる．

いずれの考え方を用いても，一般項を求めることができ，

$$a_n = \boxed{\text{サシ}} - \boxed{\text{ス}} \left(\dfrac{\boxed{\text{セ}}}{\boxed{\text{ソ}}} \right)^{n-1} \quad (n = 1, 2, 3, \cdots)$$

である．

(2) 薬 D については，$M=2$，$L=40$ である．薬 D を 12 時間ごとに 1 錠ずつ服用する場合，n 回目の服用直前の血中濃度が a_n-P であることに注意して，正しいものを，次の ⓪～⑤ のうちから二つ選べ． タ

⓪　4 回目の服用までは血中濃度が L を超えないが，5 回目の服用直後に血中濃度が L を超える．

①　5 回目の服用までは血中濃度が L を超えないが，服用し続けるといつか必ず L を超える．

②　どれだけ継続して服用しても血中濃度が L を超えることはない．

③　1 回目の服用直後に血中濃度が P に達して以降，血中濃度が M を下回ることはないので，1 回目の服用以降は適切な効果が持続する．

④　2 回目までは服用直前に血中濃度が M 未満になるが，2 回目の服用以降は，血中濃度が M を下回ることはないので，適切な効果が持続する．

⑤　5 回目までは服用直前に血中濃度が M 未満になるが，5 回目の服用以降は，血中濃度が M を下回ることはないので，適切な効果が持続する．

(3) (1)と同じ服用量で，服用間隔の条件のみを 24 時間に変えた場合の血中濃度を調べよう．薬 D を 24 時間ごとに 1 錠ずつ服用するときの，n 回目の服用直後の血中濃度を b_n とする．n 回目の服用直前の血中濃度は b_n-P である．最初の服用から $24n$ 時間経過後の服用直前の血中濃度である $a_{2n+1}-P$ と $b_{n+1}-P$ を比較する．$b_{n+1}-P$ と $a_{2n+1}-P$ の比を求めると，

$$\frac{b_{n+1}-P}{a_{2n+1}-P}=\frac{\boxed{チ}}{\boxed{ツ}}$$

となる．

(4) 薬 D を 24 時間ごとに k 錠ずつ服用する場合には，最初の服用直後の血中濃度は kP となる．服用量を変化させても T の値は変わらないものとする．

　薬 D を 12 時間ごとに 1 錠ずつ服用した場合と 24 時間ごとに k 錠ずつ服用した場合の血中濃度を比較すると，最初の服用から $24n$ 時間経過後の各服用直前の血中濃度が等しくなるのは，$k = \boxed{\text{テ}}$ のときである．したがって，24 時間ごとに k 錠ずつ服用する場合の各服用直前の血中濃度を，12 時間ごとに 1 錠ずつ服用する場合の血中濃度以上とするためには $k \geq \boxed{\text{テ}}$ でなくてはならない．

　また，24 時間ごとの服用量を $\boxed{\text{テ}}$ 錠にするとき，正しいものを，次の ⓪〜③ のうちから一つ選べ．$\boxed{\text{ト}}$

⓪ 1 回目の服用以降，服用直後の血中濃度が常に L を超える．

① 4 回目の服用直後までの血中濃度は L 未満だが，5 回目以降は服用直後の血中濃度が常に L を超える．

② 9 回目の服用直後までの血中濃度は L 未満だが，10 回目以降は服用直後の血中濃度が常に L を超える．

③ どれだけ継続して服用しても血中濃度が L を超えることはない．

～～～～（ 解 答 例 ）～～～～～～～～～～～～～～～～～～～～～～～～～～～～～～

$$a_1 = \boxed{\text{ア}} = 5, \quad \frac{\boxed{\text{イ}}}{\boxed{\text{ウ}}} a_n + \boxed{\text{エ}} = \frac{1}{2} a_n + 5,$$

$$d = \boxed{\text{オカ}} = 10, \quad \frac{\boxed{\text{キ}}}{\boxed{\text{ク}}} = \frac{1}{2}, \quad \frac{\boxed{\text{ケ}}}{\boxed{\text{コ}}} = \frac{1}{2},$$

$$\boxed{\text{サ}} - \boxed{\text{ス}} \left(\frac{\boxed{\text{セ}}}{\boxed{\text{ソ}}} \right)^{n-1} = 10 - 5 \left(\frac{1}{2} \right)^{n-1},$$

$$\boxed{\text{タ}} = ②, ③ （ 2 つマークして正解 ），$$

$$\frac{\boxed{\text{チ}}}{\boxed{\text{ツ}}} = \frac{1}{3}, \quad k = \boxed{\text{テ}} = 3, \quad \boxed{\text{ト}} = ③$$

数魔鉄人

この問題は，

　　１．漸化式を立てること

　　２．一般項からさまざまな事象を解析すること

の２部構成になっている．

　薬の血中濃度という現実的な問題を取り上げて漸化式を立てるという主旨は評価できるものであり，さらに求めた解を分析させる問いはまさに新テストとしてふさわしいものだと感じた．

　a_n が n 回目の服用直後の血中濃度であり，n 回目の服用直前の血中濃度が $a_n - P$ であることに着目することがこの問題の解決へのポイントになる．

黒岩虎雄

　数列の単元の本問は，薬の有効成分の血液中の濃度が時間とともにどのように変化するのかをテーマとしており，あっと驚いた方も多いのではないだろうか．現行の検定教科書では，微分方程式は「発展事項」としてわずかに触れられているだけだが，薬の有効成分の血中濃度の問題は，微分方程式の典型的な適用事例の１つである．本来は微分方程式を用いて考察すべき対象を，設定を《離散化》することで数列（漸化式）の問題にアレンジするという出題手法は，かつての東京大学・後期試験（数学）や，いくつかの大学のＡＯ入試，推薦入試の筆記試験の中に見られるものである．その方法を，プレテストでも用いてきた．

　設定を《離散化》する段階で，モデルを説明するために日本語の字数を要する．この部分の読解は，平均的な高校生には難しいのではないか．最初の漸化式を立てる部分（$\boxed{\text{イ}} \sim \boxed{\text{エ}}$）の正答率は60.3％であった．ここが出来ないと，以後は全滅になってしまう．

　　漸化式を解いて一般項を求める部分については 2 つの【考え方】を提示しており，どちらの考え方も把握していなければならないが，計算の実行は一方だけできればよい，という問いのつくりになっている．

　　後半では，薬の服用量と服用間隔の条件を与えて，血中濃度がどのように推移していくかを考えさせるもので，　タ　（ 2 つ選ぶ，正答率21.1 %）と　ト　（ 1 つ選ぶ，正答率21.1 %）が択一式となっている．いずれも出題意図は「解決過程を振り返り，得られた結果を元の事象に戻してその意味を考えることができる」というもので，意味も分からずに数式を動かしている人たち（計算力によって数学力の不備を補っている人たち）には出番がない，という問題であろう．教員サイドとしても，日々の指導に反映させていく必要があると考えている．

2　漸化式の解法（試行調査から）

　　次は，第 2 回のプレテスト第 4 問である．

〜〜〜〜〜〜〜〜〜〜（ 試行調査2018より ）〜〜〜〜〜〜〜〜〜〜

太郎さんと花子さんは，数列の漸化式に関する問題 A ，問題 B について話している．二人の会話を読んで，下の問いに答えよ．

(1)

> 問題 A
> 次のように定められた数列 $\{a_n\}$ の一般項を求めよ．
> $$a_1 = 6 , \quad a_{n+1} = 3a_n - 8 \quad (n = 1 , 2 , 3 , \cdots)$$

> 花子：これは前に授業で学習した漸化式の問題だね．まず，k
>
> 　　　を定数として，$a_{n+1}=3a_n-8$ を $a_{n+1}-k=3(a_n-k)$ の形に変
>
> 　　　形するといいんだよね．
>
> 太郎：そうだね．そうすると公比が 3 の等比数列に結びつけら
>
> 　　　れるね．

（ⅰ）k の値を求めよ．

$$k = \boxed{ア}$$

（ⅱ）数列 $\{a_n\}$ の一般項を求めよ．

$$a_n = \boxed{イ}\cdot\boxed{ウ}^{n-1}+\boxed{エ}$$

(2)

> 問題 B
>
> 次のように定められた数列 $\{b_n\}$ の一般項を求めよ．
>
> $$b_1=4,\quad b_{n+1}=3b_n-8n+6\quad(n=1,2,3,\cdots)$$

> 花子：求め方の方針が立たないよ．
>
> 太郎：そういうときは，$n=1,2,3$ を代入して具体的な数列の様
>
> 　　　子をみてみよう．
>
> 花子：$b_2=10$，$b_3=20$，$b_4=42$ となったけど....
>
> 太郎：階差数列を考えてみたらどうかな．

数列 $\{b_n\}$ の階差数列 $\{p_n\}$ を，$p_n=b_{n+1}-b_n\quad(n=1,2,3,\cdots)$　と定める．

（ i ） p_1 の値を求めよ．

$$p_1 = \boxed{\text{オ}}$$

（ ii ） p_{n+1} を p_n を用いて表せ．

$$p_{n+1} = \boxed{\text{カ}} \, p_n - \boxed{\text{キ}}$$

（iii） 数列 $\{p_n\}$ の一般項を求めよ．

$$p_n = \boxed{\text{ク}} \cdot \boxed{\text{ケ}}^{\,n-1} + \boxed{\text{コ}}$$

(3) 二人は問題 B について引き続き会話をしている．

> 太郎：解ける道筋はついたけれど，漸化式で定められた数列の
> 　　　一般項の求め方は一通りではないと先生もおっしゃってい
> 　　　たし，他のやり方も考えてみようよ．
> 花子：でも，授業で学習した問題は，問題 A のタイプだけだ
> 　　　よ．
> 太郎：では，問題 A の式変形の考え方を問題 B に応用してみ
> 　　　ようよ．問題 B の漸化式 $b_{n+1} = 3b_n - 8n + 6$ を，定数 s, t
> 　　　を用いて
>
> $$\boxed{\text{サ}} = 3\left(\boxed{\text{シ}}\right)$$
>
> 　　　の式に変形してはどうかな．

（ i ） $q_n = \boxed{\text{シ}}$ とおくと，太郎さんの変形により数列 $\{q_n\}$ が公比 3 の等比
数列とわかる．このとき，$\boxed{\text{サ}}$, $\boxed{\text{シ}}$ に当てはまる式を，次の ⓪〜③
のうちから一つずつ選べ．ただし，同じものを選んでもよい．

⓪ $b_n + sn + t$

① $b_{n+1} + sn + t$

② $b_n + s(n+1) + t$

③ $b_{n+1} + s(n+1) + t$

(ⅱ) s , t の値を求めよ.

$$s = \boxed{\text{スセ}} \ , \quad t = \boxed{\text{ソ}}$$

(4) 問題 B の数列は，(2)の方法でも(3)の方法でも一般項を求めることができる．数列 $\{b_n\}$ の一般項を求めよ.

$$b_n = \boxed{\text{タ}}^{\,n-1} + \boxed{\text{チ}}\,n - \boxed{\text{ツ}}$$

(5) 次のように定められた数列 $\{c_n\}$ がある.

$$c_1 = 16 \ , \quad c_{n+1} = 3c_n - 4n^2 - 4n - 10 \quad (\ n = 1 , 2 , 3 , \cdots\ )$$

数列 $\{c_n\}$ の一般項を求めよ.

$$c_n = \boxed{\text{テ}} \cdot \boxed{\text{ト}}^{\,n-1} + \boxed{\text{ナ}}\,n^2 + \boxed{\text{ニ}}\,n + \boxed{\text{ヌ}}$$

～～～ 解 答 例 ～～～～～～～～～～～～～～～～～～～～～～～～～～～～～

(1) $k = \boxed{\text{ア}} = 4$, $a_n = \boxed{\text{イ}} \cdot \boxed{\text{ウ}}^{\,n-1} + \boxed{\text{エ}} = 2 \cdot 3^{n-1} + 4$

(2) $p_1 = \boxed{\text{オ}} = 6$, $p_{n+1} = \boxed{\text{カ}}\,p_n - \boxed{\text{キ}} = 3p_n - 8$,

$p_n = \boxed{\text{ク}} \cdot \boxed{\text{ケ}}^{\,n-1} + \boxed{\text{コ}} = 2 \cdot 3^{n-1} + 4$

(3) $\boxed{\text{サ}} = ③$, $\boxed{\text{シ}} = ⓪$, $s = \boxed{\text{スセ}} = -4$, $t = \boxed{\text{ソ}} = 1$

(4) $b_n = \boxed{\text{タ}}^{\,n-1} + \boxed{\text{チ}}\,n - \boxed{\text{ツ}} = 3^{n-1} + 4n - 1$

(5) $c_n = \boxed{\text{テ}} \cdot \boxed{\text{ト}}^{\,n-1} + \boxed{\text{ナ}}\,n^2 + \boxed{\text{ニ}}\,n + \boxed{\text{ヌ}} = 2 \cdot 3^{n-1} + 2n^2 + 4n + 8$

(5)のみ 2 通りの方法を示す.

【解法 1】階差数列を利用する

階差数列 $\{d_n\}$ を $d_n = c_{n+1} - c_n$ により定める.

$$c_{n+2} = 3c_{n+1} - 4(n+1)^2 - 4(n+1) - 10$$

$$c_{n+1} = 3c_n - 4n^2 - 4n - 10$$

これらの差をとると,

$$d_{n+1} = 3d_n - 8n - 8$$

（ただし $d_1 = c_2 - c_1 = 14$ ）

さらに，階差数列 $\{e_n\}$ を $e_n = d_{n+1} - d_n$ により定める.

$$d_{n+2} = 3d_{n+1} - 8(n+1) - 8$$

$$d_{n+1} = 3d_n - 8n - 8$$

これらの差をとると,

$$e_{n+1} = 3e_n - 8$$

これを変形すると,

$$e_{n+1} - 4 = 3(e_n - 4)$$

数列 $\{e_n - 4\}$ は初項 $e_1 - 4 = d_2 - d_1 - 4 = 8$ ，公比 3 の等比数列である.

$$e_n - 4 = 3^{n-1}(e_1 - 4)$$

$$e_n = 8 \cdot 3^{n-1} + 4$$

$n \geq 2$ のとき $d_n = d_1 + \displaystyle\sum_{k=1}^{n-1}\left(8 \cdot 3^{k-1} + 4\right)$

$$= 14 + 8 \cdot \frac{3^{n-1} - 1}{3 - 1} + 4(n-1)$$

$$= 4 \cdot 3^{n-1} + 4n + 6$$

（ $n = 1$ のとき $d_1 = 14$ となり，この式は成り立つ）

$n \geq 2$ のとき $c_n = c_1 + \displaystyle\sum_{k=1}^{n-1}\left(4 \cdot 3^{k-1} + 4k + 6\right)$

$$= 16 + 4 \cdot \frac{3^{n-1} - 1}{3 - 1} + 4 \cdot \frac{1}{2}(n-1)n + 6(n-1)$$

$$= 2 \cdot 3^{n-1} + 2n^2 + 4n + 8$$

（ $n = 1$ のとき $c_1 = 16$ となり，この式は成り立つ）

【解法２】置き換えにより等比数列に帰着させる

$$c_1 = 16 , \quad c_{n+1} = 3c_n - 4n^2 - 4n - 10$$

ここで $r_n = c_n + un^2 + vn + w$ （ u , v , w は定数）とおき，$r_{n+1} = 3r_n$ となるように (u , v , w) を決める．

$$c_{n+1} + u(n+1)^2 + v(n+1) + w = 3\left(c_n + un^2 + vn + w\right)$$

左辺に $c_{n+1} = 3c_n - 4n^2 - 4n - 10$ を代入して整理すると，

$$(u-4)n^2 + (2u+v-4)n + (u+v+w-10) = 3un^2 + 3vn + 3w$$

これが n についての恒等式になるようにする．

$u - 4 = 3u$ より $u = -2$

$2u + v - 4 = 3v$ より $v = u - 2 = -4$

$u + v + w - 10 = 3w$ より $w = \dfrac{1}{2}(u + v - 10) = -8$

よって，$r_n = c_n - 2n^2 - 4n - 8$ とおくと，$r_1 = c_1 - 14 = 2$ ，

$$r_n = 3^{n-1}r_1 = 2 \cdot 3^{n-1}$$

$$c_n = r_n + 2n^2 + 4n + 8$$

$$= 2 \cdot 3^{n-1} + 2n^2 + 4n + 8$$

　こちらは漸化式の解法そのものがテーマとなっている．個人的には，漸化式を立てることに主眼を置き，その漸化式を用いてさまざまな事象を分析し考えていくという 1 回目のプレテストの問題に好感がもてるが，現実的に試験問題として出題することになると，この形に落ち着くことになるのだろうか．

黒岩虎雄

　漸化式の解法（一般項の求め方）を，複数の方法で実行する設定になっている．関連のある 3 つの漸化式

$$a_{n+1} = 3a_n - 8 \ , \quad b_{n+1} = 3b_n - 8n + 6 \ , \quad c_{n+1} = 3c_n - 4n^2 - 4n - 10$$

を順に解いていく．対話のなかで，階差数列を利用する方法と，適切な置き換えにより等比数列に帰着させる方法が示唆される．受験生としては，ひとつの方法を選んで解けばよい．現行センター試験が，過剰な誘導によって解法の流れを指定するのと比較して，解答方針の自由度が上がっている．

3　数列（問題例）

　さて，予想問題も漸化式の解法をテーマとしたものを用意した．

❦❦❦❦❦❦❦❦❦❦❦❦❦❦❦❦（数魔鉄人の出題）❦❦❦❦❦❦❦❦❦❦❦❦❦❦❦

　太郎さんと花子さんは，数列の漸化式に関する問題 A，問題 B について話している．二人の会話を読んで，下の問いに答えよ．

(1)

> 問題 A
> 　次のように定められた数列 $\{a_n\}$ の一般項を求めよ．
> $$a_1 = 1, \quad a_{n+1} = 3a_n + 2^n$$

> 花子：授業で学習したことは，漸化式は変形して等差数列また
> 　　　は等比数列の解を利用できるようにするんだね.
> 太郎：そうだね. 与式を
> $$a_{n+1} - f(n+1) = 2\left(a_n - f(n)\right)$$
> 　　　の形に変形できれば，
> $$b_n = a_n - f(n)$$
> 　　　が $b_{n+1} = 2b_n$ より等比数列となるね.
> 花子：つまり $f(n)$ を見つければ解けるね.
> 太郎：2^n の項があるから $f(n)$ は……

数列 $\{a_n\}$ の一般項は

$$a_n = \boxed{\ア}^n - \boxed{\イ}^n$$

である.

(2)

> **問題 B**
> 　次のように定められた数列 $\{b_n\}$ がある.
> $$a_1 = 1, \quad a_2 = 1, \quad a_3 = -1,$$
> $$a_n = a_{n-1}a_{n-3} \quad (n = 4, 5, 6, \cdots)$$
> このとき a_{2020} を求めよ.

> 花子：この漸化式は解けるの？
> 太郎：解き方が全くわからないから，そういうときは
> 　　　$n = 4, 5, 6, \cdots$ を代入して具体的な数列の様子を調べて
> 　　　みよう.
> 花子：そうね. 漸化式は解けないのが普通で，等差数列，
> 　　　等比数列に帰着できないものは代入して調べるのがベ
> 　　　ストだね.

(i) $a_4 = \boxed{\text{ウエ}}$, $a_5 = \boxed{\text{オカ}}$, $a_6 = \boxed{\text{キ}}$
である.

(ii) $a_{2020} = \boxed{\text{クケ}}$ である.

また, $a_k = \boxed{\text{クケ}}$ となる k は $1 \leq k \leq 2020$ に $\boxed{\text{コサシ}}$ 個ある.

╾╾╾╼ 解 答 例 ╾╾╾

(1) $a_{n+1} = 3a_n + 2^n$ は
$$a_{n+1} + 2^{n+1} = 3\left(a_n + 2^n\right)$$
と変形できる. よって数列 $\left\{a_n + 2^n\right\}$ は公比 3 , 初項 $a_1 + 2 = 3$ の等比数列であるから,
$$a_n + 2^n = 3 \cdot 3^{n-1}$$
ゆえに $a_n = 3^n - 2^n$

(2) 漸化式より
$$a_4 = a_1 a_3 = -1 \ , \ a_5 = a_2 a_4 = -1 \ , \ a_6 = a_3 a_5 = 1 \ , \ a_7 = a_4 a_6 = -1 \ ,$$
$$a_8 = a_5 a_7 = 1 \ , \ a_9 = a_6 a_8 = 1 \ , \ a_{10} = a_7 a_9 = -1$$
ここで,
$$a_8 = a_1 \ , \ a_9 = a_2 \ , \ a_{10} = a_3$$
であるから, この数列は周期 7 で同じ数字を繰り返す.
$$2020 = 7 \times 288 + 4 \ \text{より}$$
$$a_{2020} = a_4 = -1$$
$a_k = -1$ となる k は, $1 \leq k \leq 2020$ の範囲には, $3 \times 288 + 2 = 866$ 個

╭─────────╮
 黒岩虎雄
╰─────────╯

　高校生の学習では, 漸化式といえば「解く」もので, 一般項を求めるための技術（置き換えの方法などを含む）の修得に多大なエネルギーを注いでいる人が多い. しかし, 本問の中で花子が言うように「漸化式は解けないのが普通」というのが, 実は正当な認識である. 高校生向けの問題集に

「次の漸化式を解け」という問題が掲載されているのは，特殊な置換え等によって一般項を求め得る，特殊な数列が集められているのである．

こういう話は，他の分野にもある．数列の和の計算であれば，$\sum_{k=1}^{n} \dfrac{1}{k}$ といったシンプルなものでさえ，これを n の式で表すことはできない．数学Ⅲでは，$\sum_{k=1}^{n} \dfrac{1}{k}$ を求めることなく $\sum_{k=1}^{\infty} \dfrac{1}{k} = \infty$ を取り上げることになる．

積分法（数学Ⅲ）についても同様で，問題集で「次の不定積分を求めよ」をたくさん解いても，不定積分が求められない関数は，いくらでも存在する．

本問は，そういう部分に意識を向けさせるという点でも，高校生に学んでもらう意義があると思う．

（ 数魔鉄人 ）

この数列は，1 と −1 だけしか現れない数列なので，$a_{2020} = $ **クケ** としてしまうと答えは −1 とわかってしまう．これだから，数列のマーク形式の問題は作りにくい．共通新テストでは，選択形式の設問が増えるのではないかと考えている．

今回は −1 が何回現れるかを問うことで，本質的に理解しているかどうかを確認している．

解けない漸化式の例として取り上げたが，現実にほとんどの漸化式が解けないのだから，漸化式を立式し，その式を用いて事象を分析するような指導も今後は必要となってくるのではないか．国は統計教育に力を入れているようなので，方向性としては「単に漸化式を解く」という授業だけでは不足だろう．

大学入学共通テストが目指す新学力観
数学II・B　第6章
ベクトル

1　新学力観を巡る現場の状況

黒岩虎雄

　現行センター試験に比べて，新テストは，《定量的》なものから《定性的》なものへと出題傾向がシフトしようとしているということを，すでに述べてきた.

　かつて 2011 年から 2016 年にかけて，ＡＩが日本の大学入試に挑戦する「ロボットは東大に入れるか」（通称：東ロボ）というプロジェクトがあった．東ロボのＡＩ群が模擬試験を受験しはじめ，数学と世界史に限定すれば平均的な東大志願者を超えるくらいに成績を伸ばしたということである．それでも，東大に合格できる見込みが立たなかったという．東ロボのプロジェクトディレクタを務める新井紀子さんの著書『ＡＩに負けない子供を育てる』（東洋経済，2019 年）19 ページに興味深い記載があるので引用する.

　（引用はじめ）数学はもっと悲惨です．プレテストをみたところ，会話文がやたらと出てくるのです．どのように問題を解くべきかについて，太郎と花子が意見を交わしています．その上で，花子の意見に従って解くとどうなるか，などと言われても，現状のＡＩにはまったくお手上げです．きっと東大模試は偏差値 60 を超えるのに，新テストの数学は会話文に阻まれて，問題を解くスタート地点にたどり着くことなく玉砕することでしょう．（引用以上）

第6章　ベクトル

　従来型のセンター試験数学で良好な成績を修めることができたＡＩが，新テスト数学には対応できないだろうという予想は，まさに《定量的》なものから《定性的》なものへのシフトという流れと一致しているように私には思える.

　この変化が顕著に見えるのが，数学Ｂのベクトルの単元である. 従来のセンター試験のベクトルの単元では，内積の計算を中心として，ひたすら計算に次ぐ計算という出題が，毎年のように続いていた. これに対して，2017 年と 2018 年の 2 回のプレテストにおけるベクトルの問題は，いずれも，計算というよりも空間図形としての本質を考えさせるような，より数学に近い，まさに数学の問いと言えるようなものであった. 数学的な素養なしに，計算だけで叩き上げて解き倒すようなことが困難な作りになっている. もちろん，計算量も少なくなっており，完答するためには計算力よりも，図形に対する理解という本質的な学習を要求されているということができよう.

数魔鉄人

　今回はベクトルである. 数学Ｂの数列・ベクトル・確率分布と統計的な推測の 3 つの単元のうち 2 つの単元を選択して解答するのは従来型のセンター試験と同じである. また配点も変わらないようだ. しかし，大きな違いは単に解答を再現すればよいという問題は共通テストでは出題されないということだ. 特に数学ⅡＢでは数学Ⅰの知識が前提にあるので，マークシート形式であってもより考察力を問うような出題が可能になってくる. 今までの計算力を前面に主張してくるような問題ではないと認識し，対策を立てるべきであろう.

2　ベクトル（試行調査から）

試行調査 2017 より

四面体 OABC について，OA⊥BC が成り立つための条件を考えよう．次の問いに答えよ．ただし，$\overrightarrow{OA} = \vec{a}$，$\overrightarrow{OB} = \vec{b}$，$\overrightarrow{OC} = \vec{c}$ とする．

(1) $O(0,0,0)$，$A(1,1,0)$，$B(1,0,1)$，$C(0,1,1)$ のとき，$\vec{a} \cdot \vec{b} = \boxed{\text{ア}}$ となる．$\overrightarrow{OA} \neq \vec{0}$，$\overrightarrow{BC} \neq \vec{0}$ であることに注意すると，$\overrightarrow{OA} \cdot \overrightarrow{BC} = \boxed{\text{イ}}$ により OA⊥BC である．

(2) 四面体 OABC について，OA⊥BC となるための必要十分条件を，次の ⓪〜③ のうちから一つ選べ．$\boxed{\text{ウ}}$

 ⓪ $\vec{a} \cdot \vec{b} = \vec{b} \cdot \vec{c}$ ① $\vec{a} \cdot \vec{b} = \vec{a} \cdot \vec{c}$

 ② $\vec{b} \cdot \vec{c} = 0$ ③ $\left|\vec{a}\right|^2 = \vec{b} \cdot \vec{c}$

(3) OA⊥BC が常に成り立つ四面体を，次の ⓪〜⑤ のうちから一つ選べ．$\boxed{\text{エ}}$

 ⓪ OA = OB かつ ∠AOB = ∠AOC であるような四面体 OABC

 ① OA = OB かつ ∠AOB = ∠BOC であるような四面体 OABC

 ② OB = OC かつ ∠AOB = ∠AOC であるような四面体 OABC

 ③ OB = OC かつ ∠AOC = ∠BOC であるような四面体 OABC

 ④ OC = OA かつ ∠AOC = ∠BOC であるような四面体 OABC

 ⑤ OC = OA かつ ∠AOB = ∠BOC であるような四面体 OABC

(4) OC＝OB＝AB＝AC を満たす四面体 OABC について，OA⊥BC が成り立つことを下のように証明した．

【証明】

線分 OA の中点を D とする．

$\overrightarrow{BD} = \dfrac{1}{2}\left(\boxed{オ} + \boxed{カ}\right)$，$\overrightarrow{OA} = \boxed{オ} - \boxed{カ}$ により

$\overrightarrow{BD} \cdot \overrightarrow{OA} = \dfrac{1}{2}\left(\left|\boxed{オ}\right|^2 - \left|\boxed{カ}\right|^2\right)$ である．

また，$\left|\boxed{オ}\right| = \left|\boxed{カ}\right|$ により $\overrightarrow{OA} \cdot \overrightarrow{BD} = 0$ である．

同様に，$\boxed{キ}$ により $\overrightarrow{OA} \cdot \overrightarrow{CD} = 0$ である．

このことから $\overrightarrow{OA} \neq \overrightarrow{0}$ ，$\overrightarrow{BC} \neq \overrightarrow{0}$ であることに注意すると，

$\overrightarrow{OA} \cdot \overrightarrow{BC} = \overrightarrow{OA} \cdot \left(\overrightarrow{BD} - \overrightarrow{CD}\right) = 0$ により OA⊥BC である．

（ⅰ）$\boxed{オ}$，$\boxed{カ}$ に当てはまるものを，次の ⓪～③ のうちからそれぞれ一つずつ選べ．ただし，同じものを選んでもよい．

　⓪ $\overrightarrow{BA}$　　　　① $\overrightarrow{BC}$　　　　② $\overrightarrow{BD}$　　　　③ $\overrightarrow{BO}$

（ⅱ）$\boxed{キ}$ に当てはまるものを，次の ⓪～④ のうちから一つ選べ．

　⓪ $\left|\overrightarrow{CO}\right| = \left|\overrightarrow{CB}\right|$　　① $\left|\overrightarrow{CO}\right| = \left|\overrightarrow{CA}\right|$　　② $\left|\overrightarrow{OB}\right| = \left|\overrightarrow{OC}\right|$

　③ $\left|\overrightarrow{AB}\right| = \left|\overrightarrow{AC}\right|$　　④ $\left|\overrightarrow{BO}\right| = \left|\overrightarrow{BA}\right|$

(5) (4)の証明は，OC = OB = AB = AC のすべての等号が成り立つことを条件として用いているわけではない．このことに注意して，OA ⊥ BC が成り立つ四面体を，次の ⓪〜③ のうちから一つ選べ． $\boxed{\textbf{ク}}$

⓪ OC = AC かつ OB = AB かつ OB ≠ OC であるような四面体 OABC

① OC = AB かつ OB = AC かつ OC ≠ OB であるような四面体 OABC

② OC = AB = AC かつ OC ≠ OB であるような四面体 OABC

③ OC = OB = AC かつ OC ≠ AB であるような四面体 OABC

∽∽∽∽∽ $\boxed{\text{解 答 例}}$ ∽∽∽∽∽∽∽∽∽∽∽∽∽∽∽∽∽∽∽∽∽∽∽∽∽∽∽∽∽∽∽∽∽∽∽∽

$\boxed{\textbf{ア}}$ = 1, $\boxed{\textbf{イ}}$ = 0, $\boxed{\textbf{ウ}}$ = ①, $\boxed{\textbf{エ}}$ = ②,

$\boxed{\textbf{オ}}$, $\boxed{\textbf{カ}}$ = ⓪, ③, $\boxed{\textbf{キ}}$ = ①, $\boxed{\textbf{ク}}$ = ⓪

(1) $\vec{a} \cdot \vec{b} = 1 \cdot 1 + 1 \cdot 0 + 0 \cdot 1 = 1$

$\overrightarrow{BC} = \overrightarrow{OC} - \overrightarrow{OB} = (-1, 1, 0)$ より $\overrightarrow{OA} \cdot \overrightarrow{BC} = 0$

(2) OA ⊥ BC となるための必要十分条件は

$\overrightarrow{OA} \cdot \overrightarrow{BC} = 0 \qquad \vec{a} \cdot \left(\vec{c} - \vec{b} \right) = 0$

すなわち $\vec{a} \cdot \vec{b} = \vec{a} \cdot \vec{c}$

(3) (2)より $|\vec{a}||\vec{b}| \cos \angle AOB = |\vec{a}||\vec{c}| \cos \angle AOC$

これがつねに成り立つような十分条件は，

$|\vec{b}| = |\vec{c}|$ かつ $\angle AOB = \angle AOC$

(4) $\overrightarrow{BD} = \dfrac{1}{2} \left(\overrightarrow{BA} + \overrightarrow{BO} \right)$, $\overrightarrow{OA} = \overrightarrow{BA} - \overrightarrow{BO}$ により

$\overrightarrow{BD} \cdot \overrightarrow{OA} = \dfrac{1}{2} \left(\left| \overrightarrow{BA} \right|^2 - \left| \overrightarrow{BO} \right|^2 \right) = 0$

同様に，$\left| \overrightarrow{CO} \right| = \left| \overrightarrow{CA} \right|$ により $\overrightarrow{OA} \cdot \overrightarrow{CD} = 0$

(5)　OC = AC かつ OB = AB が成り立てばよい.

数魔鉄人

　本問は計算はほとんどなく，式の意味を考える設問が中心になっている．(3)では $\vec{a} \cdot \vec{b} = \vec{a} \cdot \vec{c}$ の意味，(4)では証明内容をきちんと理解しているのかを問うている.

黒岩虎雄

　現行の大学入試センター試験では，数学Bのベクトルの単元も，計算に終始している．本問は，これを大きく改善した出題となっている．計算の負荷が薄れた代わりに，本質的な理解を要求する問題となっている.

　本問では一貫して「四面体 OABC において OA ⊥ BC が成り立つための条件」を考えるという設定で，前半の (1) から (3) までは内容に連動した「流れ」があり，これに気づかずに個々の設問を別々に考えてしまうと，難しいだろう．このような《出題の流れに乗る》という試験対策は，従来から広く行われていた.

　後半の (4) から (5) は，証明に関する問いである．(4) で空所補充で証明を完成させたあと，(5) ク（正答率28.0 ％）でこれを振り返りながら，(4) で使った条件の一部を落としても同じ結論が出る場合を選ばせるものとなっている.

　従来の共通1次試験から大学入試センター試験にかけて，マークシート方式でありながら《計算力ではなく数学力を問う》ことが長年のテーマとなっていたところ，本問は，それを実現し，なおかつほどほどの正答率を出しているという点で，希有な傑作であると私は考えている.

3　ベクトル（試行調査から）

(1) 右の図のような立体を考える．ただし，六つの面 OAC，OBC，OAD，OBD，ABC，ABD は 1 辺の長さが 1 の正三角形である．この立体の ∠COD の大きさを調べたい．

　　線分 AB の中点を M，線分 CD の中点を N とおく．$\overrightarrow{OA} = \vec{a}$，$\overrightarrow{OB} = \vec{b}$，$\overrightarrow{OC} = \vec{c}$，$\overrightarrow{OD} = \vec{d}$ とおくとき，次の問いに答えよ．

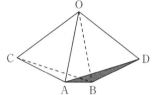

(ⅰ) 次の　ア　～　エ　に当てはまる数を求めよ．

$$\overrightarrow{OM} = \frac{\boxed{ア}}{\boxed{イ}}\left(\vec{a} + \vec{b}\right), \quad \overrightarrow{ON} = \frac{\boxed{ア}}{\boxed{イ}}\left(\vec{c} + \vec{d}\right)$$

$$\vec{a} \cdot \vec{b} = \vec{a} \cdot \vec{c} = \vec{a} \cdot \vec{d} = \vec{b} \cdot \vec{c} = \vec{b} \cdot \vec{d} = \frac{\boxed{ウ}}{\boxed{エ}}$$

(ⅱ) 3 点 O，N，M は同一直線上にある．内積 $\overrightarrow{OA} \cdot \overrightarrow{CN}$ の値を用いて，$\overrightarrow{ON} = k\overrightarrow{OM}$ を満たす k の値を求めよ．

$$k = \frac{\boxed{オ}}{\boxed{カ}}$$

(ⅲ)　∠COD $= \theta$ とおき，$\cos\theta$ の値を求めたい．次の**方針 1** または**方針 2** について，　キ　～　シ　に当てはまる数を求めよ．

方針1

$\vec{d}$ を $\vec{a}$, $\vec{b}$, $\vec{c}$ を用いて表すと,

$$\vec{d} = \frac{\boxed{キ}}{\boxed{ク}}\,\vec{a} + \frac{\boxed{ケ}}{\boxed{コ}}\,\vec{b} - \vec{c}$$

であり, $\vec{c} \cdot \vec{d} = \cos\theta$ から $\cos\theta$ が求められる.

方針2

$\overrightarrow{OM}$ と $\overrightarrow{ON}$ のなす角を考えると, $\overrightarrow{OM} \cdot \overrightarrow{ON} = \left|\overrightarrow{OM}\right|\left|\overrightarrow{ON}\right|$ が成

り立つ. $\left|\overrightarrow{ON}\right|^2 = \dfrac{\boxed{サ}}{\boxed{シ}} + \dfrac{1}{2}\cos\theta$ であるから, $\overrightarrow{OM} \cdot \overrightarrow{ON}$,

$\left|\overrightarrow{OM}\right|$ の値を用いると, $\cos\theta$ が求められる.

(iv) **方針1** または **方針2** を用いて $\cos\theta$ の値を求めよ.

$$\cos\theta = \frac{\boxed{スセ}}{\boxed{ソ}}$$

(2) (1)の図形から, 四つの面 OAC, OBC, OAD, OBD だけを使って, 下のような図形を作成したところ, この図形は ∠AOB を変化させると, それにともなって ∠COD も変化することがわかった.

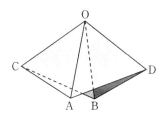

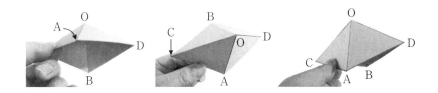

∠AOB = α ，∠COD = β とおき，$\alpha > 0, \beta > 0$ とする．このときも，線分
AB の中点と線分 CD の中点および点 O は一直線上にある．

(ⅰ) α と β が満たす関係式は(1)の**方針2** を用いると求めることができ
る．その関係式として正しいものを，次の ⓪～④ のうちから一つ選
べ．　$\boxed{\text{タ}}$

  ⓪ $\cos\alpha + \cos\beta = 1$

  ① $(1+\cos\alpha)(1+\cos\beta) = 1$

  ② $(1+\cos\alpha)(1+\cos\beta) = -1$

  ③ $(1+2\cos\alpha)(1+2\cos\beta) = \dfrac{2}{3}$

  ④ $(1-\cos\alpha)(1-\cos\beta) = \dfrac{2}{3}$

(ⅱ) $\alpha = \beta$ のとき，$\alpha = \boxed{\text{チツ}}^\circ$ であり，このとき，点 D は $\boxed{\text{テ}}$ にある．

 $\boxed{\text{チツ}}$ に当てはまる数を求めよ．また，$\boxed{\text{テ}}$ に当てはまるものを，次
の ⓪～② のうちから一つ選べ．

  ⓪   平面 ABC に関して O と同じ側

  ①   平面 ABC 上

  ②   平面 ABC に関して O と異なる側

第6章　ベクトル

解 答 例

$$\frac{\boxed{\text{ア}}}{\boxed{\text{イ}}} = \frac{1}{2}, \quad \frac{\boxed{\text{ウ}}}{\boxed{\text{エ}}} = \frac{1}{2}, \quad \frac{\boxed{\text{オ}}}{\boxed{\text{カ}}} = \frac{2}{3},$$

$$\frac{\boxed{\text{キ}}}{\boxed{\text{ク}}} = \frac{2}{3}, \quad \frac{\boxed{\text{ケ}}}{\boxed{\text{コ}}} = \frac{2}{3}, \quad \frac{\boxed{\text{サ}}}{\boxed{\text{シ}}} = \frac{1}{2}, \quad \frac{\boxed{\text{スセ}}}{\boxed{\text{ソ}}} = \frac{-1}{3}$$

$$\boxed{\text{タ}} = ①, \quad \boxed{\text{チツ}}° = 90°, \quad \boxed{\text{テ}} = ①$$

(1)（ii）$\overrightarrow{CN} = \overrightarrow{ON} - \overrightarrow{OC} = \frac{1}{2}\left(\vec{d} - \vec{c}\right)$

$\overrightarrow{OA} \cdot \overrightarrow{CN} = \vec{a} \cdot \frac{1}{2}\left(\vec{d} - \vec{c}\right) = 0$

$\therefore \quad \vec{a} \cdot \overrightarrow{ON} = \vec{a} \cdot \vec{c} = \frac{1}{2}$

$\overrightarrow{ON} = k\overrightarrow{OM}$ において $\vec{a} \cdot \overrightarrow{OM} = \frac{1}{2}\left(1 + \frac{1}{2}\right) = \frac{3}{4}$ より

$\vec{a} \cdot \overrightarrow{ON} = k\vec{a} \cdot \overrightarrow{OM}$

$\therefore \quad \frac{1}{2} = \frac{3}{4}k \qquad k = \frac{2}{3}$

（iii）（ii）より $\frac{1}{2}\left(\vec{c} + \vec{d}\right) = \frac{2}{3} \cdot \frac{1}{2}\left(\vec{a} + \vec{b}\right)$

$\therefore \quad \vec{d} = \frac{2}{3}\vec{a} + \frac{2}{3}\vec{b} - \vec{c}$

また $\overrightarrow{OM} \cdot \overrightarrow{ON} = \left|\overrightarrow{OM}\right|\left|\overrightarrow{ON}\right|$ より

$\frac{2}{3}\left|\overrightarrow{OM}\right|^2 = \left|\overrightarrow{OM}\right|\left|\overrightarrow{ON}\right|$

$\therefore \quad \left|\overrightarrow{ON}\right|^2 = \frac{4}{9}\left|\overrightarrow{OM}\right|^2 \quad \cdots\cdots(*)$

$\left|\overrightarrow{ON}\right|^2 = \frac{1}{4}\left(1 + 1 + 2\cos\theta\right) = \frac{1}{2} + \frac{1}{2}\cos\theta$

を $(*)$ に代入して

$$\frac{1+\cos\theta}{2}=\frac{4}{9}\cdot\frac{3}{4}\qquad \cos\theta=-\frac{1}{3}$$

(2)　(i)　$\overrightarrow{OM}\cdot\overrightarrow{ON}=\dfrac{1}{4}\left(\vec{a}\cdot\vec{c}+\vec{a}\cdot\vec{d}+\vec{b}\cdot\vec{c}+\vec{b}\cdot\vec{d}\right)=\dfrac{1}{2}$

$$\left|\overrightarrow{OM}\right|=\sqrt{\frac{1}{4}\left(1+1+2\cos\alpha\right)}=\frac{\sqrt{1+\cos\alpha}}{\sqrt{2}}$$

$$\left|\overrightarrow{ON}\right|=\sqrt{\frac{1}{4}\left(1+1+2\cos\beta\right)}=\frac{\sqrt{1+\cos\beta}}{\sqrt{2}}$$

$\overrightarrow{OM}\cdot\overrightarrow{ON}=\left|\overrightarrow{OM}\right|\left|\overrightarrow{ON}\right|$ より

$$\sqrt{\left(1+\cos\alpha\right)\left(1+\cos\beta\right)}=1$$

∴　$\left(1+\cos\alpha\right)\left(1+\cos\beta\right)=1$

(ii)　$\alpha=\beta$ のとき，$\left(1+\cos\alpha\right)^{2}=1$ なので $\alpha=90°$

このとき $\left|\overrightarrow{OM}\right|=\left|\overrightarrow{ON}\right|$ であるから点 M と点 N は一致する．

M は線分 AB の中点，N は線分 CD の中点であるから，

D は平面 ABC 上にある．

〔数魔鉄人〕

　イメージしにくい空間図形について，ベクトルを用いて調べていく問題である．(1) では△OAB が正三角形となるので，少し考えやすくなっている．受験指導においてノーヒントで $\vec{d}$ を $\vec{a}$ ，$\vec{b}$ ，$\vec{c}$ を用いて表す出題などを記述式で問うのも面白いだろう．

　(2) は (1) の状態から ∠AOB のみを変化させる．**方針 2** を用いるように指示があるので難しくはないが (ii) で得られた結果の意味を問うているのが目新しい．

単元「ベクトル」から，空間図形に関する出題である．6 枚の正三角形を用いて組み立てる 6 面体について，ベクトルの内積を用いて分析するのだが，2 つの「方針」が与えられていて，解答の自由度がある．(2)では 6 面体から 2 面を取り去って，形を変えられるようになる場合を考える．

4　ベクトル（問題例）

さて，大学入学共通テストでは平面よりも空間でのベクトルが中心となりそうなので，次の問題を作問した．

～～～～～～～～～～～～【数魔鉄人の出題】～～～～～～～～～～～～

四面体 OABC において

$$OA = BC = a \ , \quad OB = AC = b \ , \quad OC = AB = c$$

とする．△ABC の重心を G_1，△AOC の重心を G_2 とする．

$\overrightarrow{OA} = \vec{a}$ ，$\overrightarrow{OB} = \vec{b}$ ，$\overrightarrow{OC} = \vec{c}$ とするとき，次の問いに答えよ．

(1) $\overrightarrow{OG_1} = \dfrac{\boxed{ア}}{\boxed{イ}}\left(\vec{a} + \vec{b} + \vec{c}\right)$

(2) $\overrightarrow{OG_1} \perp \overrightarrow{BG_2}$ のとき $\overrightarrow{OG_1} \cdot \overrightarrow{BG_2} = \boxed{ウ}$ である．

(3) $\vec{b} \cdot \left(\vec{a} + \vec{c}\right) = \boxed{エ}$ である．$\boxed{エ}$ にあてはまるものを次の ⓪～③ のうちから一つ選べ．

　　⓪　a^2 　　　① 　b^2 　　　② 　c^2 　　　③ 　$a^2 + b^2 + c^2$

(4) (2)のとき，$a^2 + c^2 = \boxed{オ}\, b^2$ が成り立つ．

解　答　例

$$\frac{\boxed{\text{ア}}}{\boxed{\text{イ}}} = \frac{1}{3}, \quad \boxed{\text{ウ}} = 0, \quad \boxed{\text{エ}} = ②, \quad \boxed{\text{オ}} = 3$$

(3) $\left|\overrightarrow{AB}\right| = c$ より $\left|\overrightarrow{OB} - \overrightarrow{OA}\right|^2 = c^2$

$$\left|\vec{b} - \vec{a}\right|^2 = b^2 - 2\vec{a}\cdot\vec{b} + a^2 = c^2$$

$$\vec{a}\cdot\vec{b} = \frac{a^2 + b^2 - c^2}{2}$$

同様に $\vec{b}\cdot\vec{c} = \frac{b^2 + c^2 - a^2}{2}$

$$\vec{b}\cdot\left(\vec{a} + \vec{c}\right) = b^2$$

(4) $\overrightarrow{OG_2} = \frac{1}{3}\left(\vec{a} + \vec{c}\right)$ および $\overrightarrow{OG_1}\cdot\overrightarrow{BG_2} = 0$ より，

$$\frac{1}{3}\left(\vec{a} + \vec{b} + \vec{c}\right)\cdot\frac{1}{3}\left(\vec{a} + \vec{c} - 3\vec{b}\right) = 0$$

$$\left(\vec{a} + \vec{c}\right)\cdot\left(\vec{a} + \vec{c}\right) - 2\vec{b}\cdot\left(\vec{a} + \vec{c}\right) - 3\left|\vec{b}\right|^2 = 0$$

$$a^2 + 2\vec{a}\cdot\vec{c} + c^2 - 2b^2 - 3b^2 = 0$$

$$a^2 + 2\cdot\frac{c^2 + a^2 - b^2}{2} + c^2 - 5b^2 = 0$$

$$a^2 + c^2 = 3b^2$$

黒岩虎雄

　空間ベクトル分野での「内積」の理解を問う，コンパクトでよい問題だと思う．本番で出題するには，大問としてボリュームを大きく育てるか，［１］，［２］のように分けた一方にするか，という分量捌きが考えられそうだ．

数魔鉄人

確かに黒岩氏の指摘通り計算オンリーの定量的なものから，いわゆる定性的な問いに変化させる必要があることは理解できるが，個人的には計算力という土台があってはじめて本質的な理解が伴うと考えているので，計算力を問うことはある程度必要であると考えている．

特に共通テストのように50万人も受験する試験であれば，処理能力を量ることも大切でそのバランスが重要になってくるであろう．分量的には黒岩氏の言う通りであり，計算部分はこの程度に抑えてあとは定性的な問いを付け加えるのがよいのだろう．

黒岩虎雄

さて，私も空間ベクトルの問題を作ってみた．

━━━━━━━━━━━━━━━━（ 黒岩虎雄の出題 ）━━━━━━━━━━━━━━━━

四面体 ABCD の辺 AB, BD, DC, CA 上に 4 つの点 K, L, M, N を次のようにとる．

$$AK : KB = k : 1-k \quad (0 < k < 1)$$

$$BL : LD = l : 1-l \quad (0 < l < 1)$$

$$DM : MC = m : 1-m \quad (0 < m < 1)$$

$$CN : NA = n : 1-n \quad (0 < n < 1)$$

このとき，次の【命題】が成り立つことが知られている．

> 【命題】
>
> 　4 点 K, L, M, N が同一平面上にあるならば，
>
> $$\dfrac{KB}{AK} \cdot \dfrac{LD}{BL} \cdot \dfrac{MC}{DM} \cdot \dfrac{NA}{CN}$$ の値が一定である．

本問では，【命題】を 2 通りの方法で証明することを考える．

［方法1］ベクトルを利用する

$\overrightarrow{AB} = \vec{b}$, $\overrightarrow{AC} = \vec{c}$, $\overrightarrow{AD} = \vec{d}$ とおく.

4点 K, L, M, N が同一平面上にあるとき, 実数 α, β が存在して

$$\overrightarrow{KM} = \alpha\,\overrightarrow{KL} + \beta\,\overrightarrow{KN}$$

と表される. 両辺を $\vec{b}$, $\vec{c}$, $\vec{d}$ で表すと,

$$\overrightarrow{KM} = -\boxed{ア}\,\vec{b} + \boxed{イ}\,\vec{c} + \boxed{ウ}\,\vec{d}$$

$$\alpha\,\overrightarrow{KL} + \beta\,\overrightarrow{KN} = \alpha\left\{\boxed{エ}\,\vec{b} + \boxed{オ}\,\vec{d}\right\} + \beta\left\{\boxed{カ}\,\vec{c} - \boxed{キ}\,\vec{b}\right\}$$

となる. ここから α, β を求めると,

$$\alpha = \dfrac{\boxed{ウ}}{\boxed{オ}},\ \beta = \dfrac{\boxed{イ}}{\boxed{カ}}$$

となる.

(1) $\boxed{ア}$, $\boxed{イ}$, $\boxed{ウ}$, $\boxed{エ}$, $\boxed{オ}$, $\boxed{カ}$, $\boxed{キ}$ に当てはまるものを, 下の ⓪〜⑨のうちから一つずつ選べ. ただし, 同じものを繰り返し選んでもよい.

 ⓪ k ① $1-k$ ② l ③ $1-l$ ④ m

 ⑤ $1-m$ ⑥ n ⑦ $1-n$ ⑧ $1-l-k$ ⑨ $1-l-m$

さらに, $-\boxed{ア} = \boxed{エ}\,\alpha - \boxed{キ}\,\beta$ であることから α, β を消去すると, k, l, m, n の満たす関係式として

$$\boxed{ク} - (k+l+m+n) + (kl+km+kn+lm+ln+mn)$$
$$- (klm+lmn+mnk+nkl) = 0$$

を得る. 両辺に $klmn$ を加えると,

$$\boxed{ク} - (k+l+m+n) + (kl+km+kn+lm+ln+mn)$$
$$- (klm+lmn+mnk+nkl) + klmn = klmn$$

左辺が因数分解できることに注意すると,

$$\frac{KB}{AK}\cdot\frac{LD}{BL}\cdot\frac{MC}{DM}\cdot\frac{NA}{CN}=\boxed{ケ}\quad(一定値)$$

となることがわかる. よって, 【命題】は示された.

(2) $\boxed{ク}$, $\boxed{ケ}$ にあてはまる数字を入れよ.

［方法２］初等幾何を利用する

$\triangle ABD$ を含む平面を π_1, $\triangle ACD$ を含む平面を π_2, π_1,π_2 の交線を γ とする. いま K, L, M, N が同一平面上にあるときを考えるので, この平面 を π とおく.

π と γ が平行なとき, $KL \parallel AD \parallel \gamma$, $MN \parallel AD \parallel \gamma$ が成り立ち,

$$1-k=l \text{ かつ } 1-m=n$$

となることから,

$$\frac{KB}{AK}\cdot\frac{LD}{BL}\cdot\frac{MC}{DM}\cdot\frac{NA}{CN}=\boxed{ケ}\quad(一定値)$$

が成り立つことは容易に確かめられる.

よって以下では, π と γ が平行でない場合を考える. π と γ の交点を P とする.

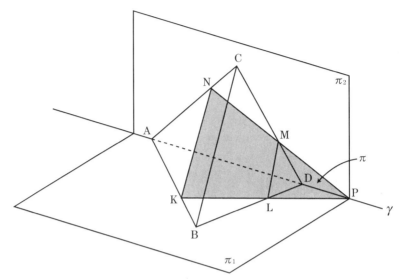

平面 π_1 内の △ABD と直線 KLP について，メネラウスの定理を用い，

$$\frac{KB}{AK} \cdot \frac{LD}{BL} \cdot \frac{\boxed{コ}}{\boxed{サ}} = 1$$

平面 π_2 内の △ACD と直線 MNP について，メネラウスの定理を用い，

$$\frac{MC}{DM} \cdot \frac{NA}{CN} \cdot \frac{\boxed{シ}}{\boxed{ス}} = 1$$

これらの式を辺ごとにかけ合わせると，

$$\frac{KB}{AK} \cdot \frac{LD}{BL} \cdot \frac{MC}{DM} \cdot \frac{NA}{CN} = \boxed{ケ} \quad （一定値）$$

を得る．よって，【命題】は示された．

(3) $\boxed{コ}$，$\boxed{サ}$，$\boxed{シ}$，$\boxed{ス}$ に当てはまるものを，下の ⓪〜⑥ のうちから一つずつ選べ．ただし，同じものを繰り返し選んでもよい．

    ⓪ AD   ① DP   ② AP   ③ KL

    ④ LP   ⑤ NM   ⑥ MP

解　答　例

$\boxed{ア}=⓪,\quad\boxed{イ}=④,\quad\boxed{ウ}=⑤,$

$\boxed{エ}=⑧,\quad\boxed{オ}=②,\quad\boxed{カ}=⑦,\quad\boxed{キ}=⓪,$

$\boxed{ク}=1,\quad\boxed{ケ}=1,$

$\boxed{コ}=②,\quad\boxed{サ}=①,\quad\boxed{シ}=①,\quad\boxed{ス}=②$

［**方法1**］

(1)　$\overrightarrow{AK}=k\,\vec{b}$, $\overrightarrow{AL}=(1-l)\,\vec{b}+l\,\vec{d}$

　　$\overrightarrow{AM}=m\,\vec{c}+(1-m)\,\vec{d}$, $\overrightarrow{AN}=(1-n)\,\vec{c}$

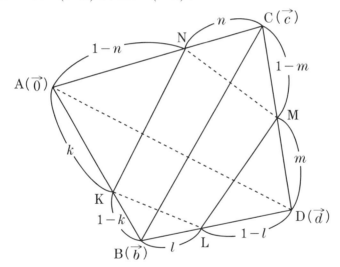

4点 K, L, M, N が同一平面上

　　⇔　3点 K, L, N の定める平面上に M がある.

　　⇔　$\overrightarrow{KM}=\alpha\,\overrightarrow{KL}+\beta\,\overrightarrow{KN}$ ……(*) となる実数 α, β が存在する.

ここで, （*）を $\vec{b},\vec{c},\vec{d}$ で表すと,

$$\overrightarrow{AM} - \overrightarrow{AK} = \alpha\left(\overrightarrow{AL} - \overrightarrow{AK}\right) + \beta\left(\overrightarrow{AN} - \overrightarrow{AK}\right)$$

$$m\overrightarrow{c} + (1-m)\overrightarrow{d} - k\overrightarrow{b} = \alpha\left\{(1-l-k)\overrightarrow{b} + l\overrightarrow{d}\right\} + \beta\left\{(1-n)\overrightarrow{c} - k\overrightarrow{b}\right\}$$

$\overrightarrow{b}, \overrightarrow{c}, \overrightarrow{d}$ は一次独立だから，

$$-k = \alpha(1-k-l) - \beta k \quad \cdots\cdots①$$

$$m = \beta(1-n) \quad \cdots\cdots②$$

$$1-m = \alpha l \quad \cdots\cdots③$$

②，③より，$\alpha = \dfrac{1-m}{l}$, $\beta = \dfrac{m}{1-n}$

①に代入して $-k = \dfrac{1-m}{l}\cdot(1-k-l) - \dfrac{m}{1-n}\cdot k$

$$-kl(1-n) = (1-m)(1-n)(1-k-l) - klm$$

$$1-(k+l+m+n)+(kl+km+kn+lm+ln+mn)$$
$$-(klm+lmn+mnk+nkl) = 0$$

両辺に $klmn$ を加えて，左辺を因数分解すると，

$$(1-k)(1-l)(1-m)(1-n) = klmn$$

$$\therefore \quad \dfrac{1-k}{k}\cdot\dfrac{1-l}{l}\cdot\dfrac{1-m}{m}\cdot\dfrac{1-n}{n} = 1$$

$$\therefore \quad \dfrac{KB}{AK}\cdot\dfrac{LD}{BL}\cdot\dfrac{MC}{DM}\cdot\dfrac{NA}{CN} = 1$$

［**方法2**］
平面 π_1 内の △ABD と直線 KLP について，メネラウスの定理を用い，

$$\dfrac{KB}{AK}\cdot\dfrac{LD}{BL}\cdot\dfrac{PA}{DP} = 1$$

平面 π_2 内の △ACD と直線 MNP について，メネラウスの定理を用い，

$$\frac{MC}{DM} \cdot \frac{NA}{CN} \cdot \frac{PD}{AP} = 1$$

これらを辺ごとにかけると，

$$\left(\frac{KB}{AK} \cdot \frac{LD}{BL} \cdot \frac{PA}{DP}\right) \cdot \left(\frac{MC}{DM} \cdot \frac{NA}{CN} \cdot \frac{PD}{AP}\right) = 1$$

$$\therefore \quad \frac{KB}{AK} \cdot \frac{LD}{BL} \cdot \frac{MC}{DM} \cdot \frac{NA}{CN} = 1$$

を得る．

(数魔鉄人)

　この問題は空間版のメネラウスの定理であり，図形的な趣が強い．内積がどこにも登場しない，数学Aの問題ではないか，などの問題点はあるにしても新しい試みとして評価できるものであると考える．数学ⅡBは数学ⅠAの学習を前提にしているため，分野横断型の出題もありかなと考えている．分野がどうこうよりも，自由な発想を尊重することが重要なのではないか．

(黒岩虎雄)

　本問は，メネラウスの定理を次元を上げる形で拡張したものなので，どうしても［**方法2**］を入れておきたかった．ただ，実際の共通テストに出題するとなると，初等幾何（図形の性質）は数学Aの選択部分に該当するので，数学Bの試験においてその履修を前提とするわけにはいかない．だから，本問のような形での出題は実際には困難なことになる．こういう意味でも，現在の単元選択型のカリキュラムには，数学学習の一貫性を損なうような弊害もあると考えている．

大学入学共通テストが目指す新学力観
数学II・B 第7章
統計的推測

1 新学力観を巡る現場の状況

黒岩虎雄

　現在予定されている，新テスト（試行テスト）をみれば，国が統計教育を重視したいという意向が如実に現れていることは明らかであろう．とりわけ，2018年の試行テストでは数学II・Bで統計の問題が「第5問」の位置に置かれていたのに対して，2019年の試行テストでは，統計の問題が「第3問」の位置に置かれている．ここにも，高校生たちに統計を選択させたいという国の意向がはっきりと見える．

　数学の学習指導要領の中で，ある特定の単元を学習させるという国の意向が働いた例は，以前にも存在した．かつての教育課程で，数学Bおよび数学Cに，コンピュータのプログラムという単元が入ったのである．これについては実際に大学入試センター試験でも選択問題として出題が続いた．ところが，取り扱うプログラム言語はBASICで，現在はほとんど使われていないものであり，しかもそれを，アンプラグド（コンピュータに接続しない形）で，紙の上でプログラムを考えていくという代物であった．そのため，高校の現場ではほとんど指導されていない（選択をしないように誘導する）ばかりか，実際にセンター試験でコンピューターの問題を選択して解いた学生の割合は，非常に少なかったというのが現実であった．

　今回も，国は，高校カリキュラムに「統計的推測」（推測統計）を導入した．また，数学Iの必修の部分に「データの分析」（記述統計）を入れているのに対して，統計についてはあくまでも選択という位置づけであ

る．現在のところ，私が高校の現場を観察していると，統計を選択して教えている教員は，ほとんどいないというのが現状である．若い教員に関しては，自分が中学〜高校時代に統計を勉強していないということから，まともに教えられないというのが現実としてもあるようだ．教員の役割は，自身が中学・高校の 6 年間で仕入れた知識を吐き出すだけというものでは無いはずなので，それはそれで情けないことだと思うが，私は年長者として彼らを温かく見守り，導いていきたいと思う．

　かくいう私はどうかと言えば，自分に与えられた講義時間で，数学Bを任されたときには，極力時間を編み出して，数列とベクトルだけでなく，統計についても時間をとって講義をするようにしている．高校の現場でそれが可能かどうかとか，大学入試で統計の問題を出題する大学が少ないだとか，そういった，統計をやらないで済ませる理由（言い訳）はいくらでもある．しかし私は，国の言うことに従うという意味ではなく，21 世紀の，これからを生きる若者が，統計的素養を身につけていることは，理系文系を問わず必要である，ということについては同意しているので，それを教室で実行に移しているのである．

2　統計的推測（試行調査から）

数魔鉄人

　最後は「確率分布と統計的な推測」である．この分野はセンター試験で2015 年度より出題されているが，個別試験では大部分の大学が出題していない．また，高校現場でも取り扱わないところが多いようだ．したがって，センター試験でも大部分の受験生が「数列」「ベクトル」を選択する．しかし，内容を理解していれば比較的取り組みやすい問題が多いという印象であったが，プレテストではどうだったのか見ていこう．

第7章　統計的推測

〜〜〜〜〜〜〜〜〜〜〜〜〜〜〜〜〜〜〜〜〜〜〜 試行調査 2017 より 〜〜〜〜〜〜〜〜〜〜〜〜〜〜〜〜〜〜〜〜〜〜〜

　ある工場では，内容量が 100g と記載された
ポップコーンを製造している．のり子さんが，こ
の工場で製造されたポップコーン 1 袋を購入して
調べたところ，内容量は 98g であった．のり子さ
んは「記載された内容量は誤っているのではない
か」と考えた．そこで，のり子さんは，この工場
で製造されたポップコーンを 100 袋購入して調べ
たところ，標本平均は 104g，標本の標準偏差は
2g であった．

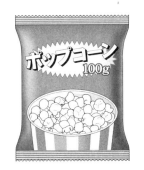

　以下の問題を解答するにあたっては，必要に応じて正規分布表を用いて
もよい．

(1)　ポップコーン 1 袋の内容量を確率変数 X で表すこととする．のり子さ
　　んの調査の結果をもとに，X は平均 104g，標準偏差 2g の正規分布に従
　　うものとする．

　　　このとき，X が 100g 以上 106g 以下となる確率は 0.$\boxed{\text{アイウ}}$ であ
　　り，X が 98g 以下となる確率は 0.$\boxed{\text{エオカ}}$ である．この 98g 以下とな
　　る確率は，「コインを $\boxed{\text{キ}}$ 枚同時に投げたとき，すべて表が出る確
　　率」に近い確率であり，起こる可能性が非常に低いことがわかる．$\boxed{\text{キ}}$
　　については，最も適当なものを，次の ⓪〜④ のうちから一つ選べ．

　　　⓪ 6　　　　① 8　　　　② 10　　　　③ 12　　　　④ 14

　のり子さんがポップコーンを購入した店では，この工場で製造された
ポップコーン 2 袋をテープでまとめて売っている．ポップコーンを入れる

袋は 1 袋あたり 5g であることがわかっている．テープでまとめられた

ポップコーン 2 袋分の重さを確率変数 Y で表すとき，Y の平均を m_Y，標

準偏差を σ とおけば，$m_Y = \boxed{\text{クケコ}}$ である．ただし，テープの重さはな

いものとする．

　また，標準偏差 σ と確率変数 X, Y について，正しいものを，次の ⓪〜

⑤ のうちから一つ選べ．$\boxed{\text{サ}}$

⓪　$\sigma = 2$ であり，Y について $m_Y - 2 \leq Y \leq m_Y + 2$ となる確率は，X に

　　ついて $102 \leq X \leq 106$ となる確率と同じである．

①　$\sigma = 2\sqrt{2}$ であり，Y について $m_Y - 2\sqrt{2} \leq Y \leq m_Y + 2\sqrt{2}$ となる確率

　　は，X について $102 \leq X \leq 106$ となる確率と同じである．

②　$\sigma = 2\sqrt{2}$ であり，Y について $m_Y - 2\sqrt{2} \leq Y \leq m_Y + 2\sqrt{2}$ となる確率

　　は，X について $102 \leq X \leq 106$ となる確率の $\sqrt{2}$ 倍である．

③　$\sigma = 4$ であり，Y について $m_Y - 2 \leq Y \leq m_Y + 2$ となる確率は，X に

　　ついて $102 \leq X \leq 106$ となる確率と同じである．

④　$\sigma = 4$ であり，Y について $m_Y - 4 \leq Y \leq m_Y + 4$ となる確率は，X に

　　ついて $102 \leq X \leq 106$ となる確率と同じである．

⑤　$\sigma = 4$ であり，Y について $m_Y - 4 \leq Y \leq m_Y + 4$ となる確率は，X に

　　ついて $102 \leq X \leq 106$ となる確率の 4 倍である．

(2) 次にのり子さんは，内容量が 100g と記載されたポップコーンについ
　　て，内容量の母平均 m の推定を行った.

　　　のり子さんが調べた 100 袋の標本平均 104g，標本の標準偏差 2g をも
　　とに考えるとき，小数第 2 位を四捨五入した信頼度（信頼係数）95 ％の
　　信頼区間を，次の ⓪〜⑤ のうちから一つ選べ. シ

　　　　⓪　$100.1 \leq m \leq 107.9$　　①　$102.0 \leq m \leq 106.0$

　　　　②　$103.0 \leq m \leq 105.0$　　③　$103.6 \leq m \leq 104.4$

　　　　④　$103.8 \leq m \leq 104.2$　　⑤　$103.9 \leq m \leq 104.1$

　　同じ標本をもとにした信頼度 99 ％ の信頼区間について，正しいもの
　　を，次の ⓪〜② のうちから一つ選べ. ス

　　　　⓪　信頼度 95 ％の信頼区間と同じ範囲である.
　　　　①　信頼度 95 ％の信頼区間より狭い範囲になる.
　　　　②　信頼度 95 ％の信頼区間より広い範囲になる.

　　母平均 m に対する信頼度 D ％ の信頼区間を $A \leq m \leq B$ とするとき，こ
　　の信頼区間の幅を $B-A$ と定める.

　　　のり子さんは信頼区間の幅を シ と比べて半分にしたいと考えた. そ
　　のための方法は 2 通りある.

　　　一つは，信頼度を変えずに標本の大きさを セ 倍にすることであり，も
　　う一つは，標本の大きさを変えずに信頼度を ソタ . チ ％ にすることで
　　ある.

0.**アイウ** = 0.819 , 0.**エオカ** = 0.001 , **キ** = ② , **クケコ** = 218 ,

サ = ① , **シ** = ③ , **ス** = ② , **セ** = 4 , **ソタ** . **チ** = 67.3

黒岩虎雄

　数学Bの選択部分にある《推測統計》の問題は，問題の素材としては現行の大学入試センター試験の出題と大差ないように見えるかもしれないが，現行試験は計算一色の《定量的》な問題であるのに対して，プレテストでは計算を抑えた《定性的》な問い（ **サ** , **ス** , **セ** ）が含まれていることに注目すべきだろう．

　なお，発表された正答率のデータ（39.6％から1.2％まで）は大変に低いものに見えるが，そもそも選択者の数が希少であるため，あまり意味をもたないのではないかと考える．

数魔鉄人

　(2)は，信頼度を変更したときの信頼区間についての考察，信頼区間の幅を変更したいときの標本の大きさと信頼度に関する考察などテーマとしている．同じ標本をもとにした際，信頼度を上げて推定するには，信頼区間の幅を広げてあげればよいのは直感的に明らかであろう．一般に信頼度を上げるには，信頼区間を広く取らねばならないことは常識として理解させたいところである．

3　統計的推測（試行調査から）

数魔鉄人

　次は第 2 回のプレテストであるが，ここで大きな衝撃を受けたのは私だけではないだろう．なんと，選択問題の最初の第 3 問に，この統計の問題が配置されたのである．まるで，受験者全員が統計を選択すべきという圧力を感じる．

　　　　統計＞ベクトル

の不等式は成り立つのか？　おおいに興味がある．

～～～～～～～～～～～～～～～（ 試行調査2018より ）～～～～～～～～～～～～～～

　昨年度実施されたある調査によれば，全国の大学生の 1 日あたりの読書時間の平均値は 24 分で，全く読書をしない大学生の比率は 50 ％とのことであった．大規模 P 大学の学長は，P 大学生の 1 日あたりの読書時間が 30 分以上であって欲しいと考えていたので，この調査結果に愕然とした．そこで今年度，P 大学生から 400 人を標本として無作為抽出し，読書時間の実態を調査することにした．次の問いに答えよ．ただし，必要に応じて正規分布表（省略）を用いてもよい．

(1) P 大学生のうち全く読書をしない学生の母比率が，昨年度の全国調査の結果と同じ 50 ％であると仮定する．

　　標本 400 人のうち全く読書をしない学生の人数の平均（期待値）は

　　$\boxed{\textbf{アイウ}}$ 人である．

　　また，標本の大きさ 400 は十分に大きいので，標本のうち全く読書をしない学生の比率の分布は，平均（期待値）0.$\boxed{\textbf{エ}}$，標準偏差

　　0.$\boxed{\textbf{オカキ}}$ の正規分布で近似できる．

(2) P 大学生の読書時間は，母平均が昨年度の全国調査結果と同じ 24 分であると仮定し，母標準偏差を σ 分とおく．

(ⅰ) 標本の大きさ 400 は十分に大きいので，読書時間の標本平均の分布は，平均（期待値）$\boxed{クケ}$ 分，標準偏差 $\dfrac{\sigma}{\boxed{コサ}}$ 分の正規分布で近似できる．

(ⅱ) $\sigma = 40$ とする．読書時間の標本平均が 30 分以上となる確率は $0.\boxed{シスセソ}$ である．

　　また，$\boxed{タ}$ となる確率は，およそ 0.1587 である．$\boxed{タ}$ に当てはまる最も適当なものを，次の ⓪〜⑤ のうちから一つ選べ．

　　⓪　大きさ 400 の標本とは別に無作為抽出する一人の学生の読書時間が 26 分以上

　　①　大きさ 400 の標本とは別に無作為抽出する一人の学生の読書時間が 64 分以下

　　②　P 大学の全学生の読書時間の平均が 26 分以上

　　③　P 大学の全学生の読書時間の平均が 64 分以下

　　④　標本 400 人の読書時間の平均が 26 分以上

　　⑤　標本 400 人の読書時間の平均が 64 分以下

(3) P 大学生の読書時間の母標準偏差を σ とし，標本平均を $\overline{X}$ とする．
P 大学生の読書時間の母平均 m に対する信頼度 95 ％の信頼区間を $A \leqq m \leqq B$ とするとき，標本の大きさ 400 は十分に大きいので，A は $\overline{X}$ と σ を用いて $\boxed{チ}$ と表すことができる．

（i）　$\boxed{\text{チ}}$ に当てはまる式を，次の ⓪〜⑦ のうちから一つ選べ．

⓪　$\overline{X} - 0.95 \times \dfrac{\sigma}{20}$ 　　　　　①　$\overline{X} - 0.95 \times \dfrac{\sigma}{400}$

②　$\overline{X} - 1.64 \times \dfrac{\sigma}{20}$ 　　　　　③　$\overline{X} - 1.64 \times \dfrac{\sigma}{400}$

④　$\overline{X} - 1.96 \times \dfrac{\sigma}{20}$ 　　　　　⑤　$\overline{X} - 1.96 \times \dfrac{\sigma}{400}$

⑥　$\overline{X} - 2.58 \times \dfrac{\sigma}{20}$ 　　　　　⑦　$\overline{X} - 2.58 \times \dfrac{\sigma}{400}$

（ii）母平均 m に対する信頼度 95 ％ の信頼区間 $A \leq m \leq B$ の意味として，最も適当なものを，次の ⓪〜⑤ のうちから一つ選べ．

　⓪　標本 400 人のうち約 95 ％ の学生は，読書時間が A 分以上 B 分以下である．

　①　P 大学生全体のうち約 95 ％の学生は，読書時間が A 分以上 B 分以下 である．

　②　P 大学生全体から 95 ％程度の学生を無作為抽出すれば，読書時間の標本平均は，A 分以上 B 分以下となる．

　③　大きさ 400 の標本を 100 回無作為抽出すれば，そのうち 95 回程度は標本平均が m となる．

　④　大きさ 400 の標本を 100 回無作為抽出すれば，そのうち 95 回程度は信頼区間が m を含んでいる．

　⑤　大きさ 400 の標本を 100 回無作為抽出すれば，そのうち 95 回程度は信頼区間が $\overline{X}$ を含んでいる．

第 7 章　統計的推測

解 答 例

$\boxed{\text{アイウ}} = 200$, $0.\boxed{\text{エ}} = 0.5$, $0.\boxed{\text{オカキ}} = 0.025$,

$\boxed{\text{クケ}} = 24$, $\dfrac{\sigma}{\boxed{\text{コサ}}} = \dfrac{\sigma}{20}$,

$0.\boxed{\text{シスセソ}} = 0.0013$, $\boxed{\text{タ}} = ④$, $\boxed{\text{チ}} = ④$, $\boxed{\text{ツ}} = ④$

数魔鉄人

　ここでも信頼区間の意味を問う問題が出題されたが，信頼区間について，95 %の信頼度，99 %の信頼度を表す数値を正規分布表から正確に読み取らせた上で，1.96 ，2.58 を覚えさせるように指導するのがよいだろう．統計を高校範囲で扱う場合，どうしても暗記に偏ってしまうので，丸暗記にならないような工夫が必要だろう．

黒岩虎雄

　従来は「第 5 問」に置かれていた「確率分布と統計的推測」の問題が，第 3 問に移動してきたのは，統計教育重視の意気込みを表明したのかもしれない．(1) は標本平均と標本比率についての問い，(2) は標本平均の分布についての問い，(3) は母平均の推定についての問いで，いずれも検定教科書に沿った出題である．最後の設問は「母平均に対する信頼度95 % の信頼区間」の《意味》を問うもので，公式の暗記に頼る学習に警笛を鳴らすものである．

4　統計的推測（問題例）

数魔鉄人

　信頼係数，信頼区間をテーマとして次の問題を作問した．推定の問題は
必ず出題されると考えて十分に準備しておきたい．

〜〜〜〜〜〜〜〜〜〜〜〜〜〜〜（数魔鉄人の出題）〜〜〜〜〜〜〜〜〜〜〜〜〜〜

　5 万人以上の有権者がいる都市がある．有権者を対象とする単純無作為
抽出による標本調査で，ある政策の支持率を調べたい．ただし，調査され
た人は，必ず支持または不支持のいずれかを回答するものとし，二項分布
は近似的に正規分布に従うとする．また，政策の支持率について事前の情
報がない場合は有権者はランダムに支持，不支持を回答すると考えてよ
い．

(1)　政策の支持率について事前の情報が全くないときを考える．標本とし
　　て 400 人を抽出したとき，政策を支持する人数の平均は アイウ 人，

　　分散は エオカ である．政策を支持する人が 220 人以上である確率は

　　0. キクケコ である．

(2)　政策の支持率について事前の情報が全くないとして政策の支持率を区
　　間推定したい．信頼係数 95 ％の信頼区間の幅が 6 ％以下となるように
　　するには，少なくとも何人以上の有権者を調査すればよいか．最も適当
　　なものを次の ⓪〜④ のうちから一つ選べ． サ

　　　⓪ 500　　　① 700　　　② 900　　　③ 1100　　　④ 1300

(3)　これまでの政策の支持率が 90 ％以上であることがわかっているとき
　　は，少なくとも何人以上の有権者を調査すれば 信頼係数 95 ％の信頼区

間の幅が 6 ％以下となるか．最も適当なものを次の ⓪〜④ のうちから

一つ選べ． シ

　　⓪ 200　　　① 300　　　② 400　　　③ 500　　　④ 600

　　　解 答 例

アイウ = 200 ， エオカ = 100 ， 0. キクケコ = 0.2228 ，

サ = ③， シ = ②

(1)　政策を支持するか否かは確率 $\dfrac{1}{2}$ であるから，政策を支持する人数 X

は二項分布 $B\left(400, \dfrac{1}{2}\right)$ に従う．

よって，平均値 $m = 400 \times \dfrac{1}{2} = 200$ ，　分散 $\sigma^2 = 400 \times \dfrac{1}{2} \times \dfrac{1}{2} = 100$

となる X は近似的に正規分布 $N\left(200, 10^2\right)$ に従うから

$$Z = \frac{X - 200}{\sqrt{100}} = \frac{X - 200}{10}$$

とおくと，Z は近似的に標準正規分布 $N(0, 1)$ に従う．

$X \geq 220$ のとき，$Z \geq 2$ であるから，

$$
\begin{aligned}
P(X \geq 220) &= P(Z \geq 2) \\
&= P(Z \geq 0) - P(0 \leq Z \leq 2) \\
&= \frac{1}{2} - 0.4772 = 0.0228
\end{aligned}
$$

(2)　有権者から n 人無作為抽出するとする．標本の政策支持率を $\dfrac{1}{2}$ とし

て，母集団の政策支持率に対する 95 ％信頼区間は

$$\left[\frac{1}{2}-1.96\sqrt{\frac{\frac{1}{2}\left(1-\frac{1}{2}\right)}{n}},\ \frac{1}{2}+1.96\sqrt{\frac{\frac{1}{2}\left(1-\frac{1}{2}\right)}{n}}\right]$$

信頼区間の幅が 6 ％以下となるのは，$2\times1.96\times\dfrac{\dfrac{1}{2}}{\sqrt{n}}<\dfrac{6}{100}$

$\dfrac{196}{6}<\sqrt{n}$ より $1067.\cdots<n$

よって最も適当なものは③

(3) 標本比率を $\dfrac{90}{100}=\dfrac{9}{10}$ として考えればよいから(2)と同様にして

$$2\times1.96\times\frac{\sqrt{\frac{9}{10}\left(1-\frac{9}{10}\right)}}{\sqrt{n}}<\frac{6}{100}$$

$19.6<\sqrt{n}$

$384.16<n$

よって最も適当なものは②

(黒岩虎雄)

　本問を演習してくれる高校生に，自然科学だけでなく，社会科学での議論においても，統計的推定の考え方が活用できることが伝わるとよいと思う．

　現時点では，学習指導要領を変更しないまま，試験制度だけを変更することとなっているが，令和4年（2022年）入学生から年次進行で新学習指導要領のもとでの教科書に移行し，大学入試は令和7年（2025年）から新課程対応に装いを変える．すでに周知のように，その時点で推測統計の内容には「仮説検定」も取り上げられることになる．

　数学Ⅰで，具体的な事象において，実験などを通して仮説検定の考え方を理解することを取り扱い，数学Bで，正規分布を用いた仮説検定の方法を理解できるようにする，ということである．

この単元「確率分布と統計的な推測」では，確率変数の平均値（期待値）と分散から話が始まるので，期待値にフォーカスを当てた対話型問題を作ってみた．

❧❧❧❧❧❧❧❧❧❧❧❧❧❧❧（ 黒岩虎雄の出題 ）❧❧❧❧❧❧❧❧❧❧❧❧❧❧❧

(1)　太郎君と花子さんは，サイコロを使う次のようなゲームについて作戦を考えている．

> さいころを1回または2回振り，最後に出た目の数を得点とするゲームを考える．1回振って出た目を見た上で，2回目を振るか否かを決めるのであるが，どのように決めるのが有利であるか．

太郎：普通に考えれば，1回目に小さい目が出たのを確認できれば2回目を振るほうがよいだろうし，1回目に大きい目が出たのを確認できれば2回目を振らないほうがよいだろうね．

花子：その判断の境目が問題だね．2回目を振る場合に，2回目に出る目の数の期待値は ア ． イ なのだから……．

太郎：1回目に出た目が ウ のときは2回目を振ることにして，それ以外の場合は2回目を振らないようにするのが有利だね．

(2)　 ウ に当てはまるものを，次の ⓪〜⑤のうちから一つ選べ．

    ⓪　1以外

    ①　1

    ②　1,2 のいずれか

    ③　1,2,3 のいずれか

    ④　1,2,3,4 のいずれか

    ⑤　1,2,3,4,5 のいずれか

ゲームのルールに，次のような変更が生じた.

> 上と同様のゲームで，3回振ることも許されるとしたら，2回目，3回目を振るか否かの決定は，どのようにするのが有利か.

花子：もし2回振ることになった場合，2回目に出た目を見たところで3回目を振るかどうかの判断は，最初のゲームの場合と同じでよさそうだね.

太郎：問題は，1回目に出た目を見たときの判断だね. 1回目に出た目に不満がある場合，もう2回まで振ることができるのだから，2回目から3回目にかけての期待値を考えるとよいのではないかな.

花子：そうか，わかった. 1回目に出た目が $\boxed{エ}$ のときは2回目を振ることにして，それ以外の場合は2回目を振らないようにするのが有利だね.

太郎：また，2回目を振った場合は，2回目に出た目が $\boxed{オ}$ のときは3回目を振ることにして，それ以外の場合は3回目を振らないようにするのが有利だね.

(3) $\boxed{エ}$，$\boxed{オ}$ に当てはまるものを，次の ⓪〜⑤ のうちからそれぞれ一つずつ選べ.

     ⓪ 1以外

     ① 1

     ② 1,2 のいずれか

     ③ 1,2,3 のいずれか

     ④ 1,2,3,4 のいずれか

     ⑤ 1,2,3,4,5 のいずれか

花子：ここまで考えてきたことを拡張していくとしたら、どんな方向があ
　　　るかな。すぐに思い浮かぶのは、サイコロを「4 回振ることも許され
　　　る」という設定にすることだね。

太郎：やはり問題は、1 回目に出た目を見たときの判断だね。1 回目に出た
　　　目が 　カ　 のときは 2 回目を振ることにして、それ以外の場合は 2 回
　　　目を振らないようにするのが有利だね。3 回目を振るか、4 回目を振
　　　るかの判断は、先ほどと同じでよいね。

(4) 　カ　 に当てはまるものを、次の ⓪〜⑤ のうちから一つ選べ。

　　　　⓪ 1 以外

　　　　① 1

　　　　② 1, 2 のいずれか

　　　　③ 1, 2, 3 のいずれか

　　　　④ 1, 2, 3, 4 のいずれか

　　　　⑤ 1, 2, 3, 4, 5 のいずれか

花子：このように、回数を増やすだけの拡張は、あまり面白くないね。

太郎：サイコロの方を変えてみたらどうかな。たとえば、正 8 面体のサイ
　　　コロにして、投げたときに出る目が 1 から 8 まで考えられるようにす
　　　ると、どうだろう。

　　　　正 8 面体のさいころがあって、1 から 8 までの目が互いに等しい
　　確率で出るようになっている。この 8 面体サイコロを 3 回まで振る
　　ことができることにして、最後に出た目の数を得点とするゲームを
　　考える。毎回振って出た目を見た上で、次を振るか否かを決めるの
　　であるが、どのように決めるのが有利であるか。

花子：6 面体が 8 面体になるだけなんだから、大した拡張ではないね。

1回目に出た目が $\boxed{\text{キ}}$ のときは2回目を振ることにして，それ以外
の場合は2回目を振らないようにするのが有利だね．

太郎：また，2回目を振った場合は，2回目に出た目が $\boxed{\text{ク}}$ のときは3回
目を振ることにして，それ以外の場合は3回目を振らないようにする
のが有利だね．

(5) $\boxed{\text{キ}}$，$\boxed{\text{ク}}$ に当てはまるものを，次の ⓪〜⑦のうちからそれぞれ
一つずつ選べ．

⓪ 1以外

① 1

② 1, 2 のいずれか

③ 1, 2, 3 のいずれか

④ 1, 2, 3, 4 のいずれか

⑤ 1, 2, 3, 4, 5 のいずれか

⑥ 1, 2, 3, 4, 5, 6 のいずれか

⑦ 1, 2, 3, 4, 5, 6, 7 のいずれか

～～～ 解 答 例 ～～～～～～～～～～～～～～～～～～～～～～～～～～～～

$\boxed{\text{ア}}.\boxed{\text{イ}} = 3.5$，$\boxed{\text{ウ}} = ③$，$\boxed{\text{エ}} = ④$，

$\boxed{\text{オ}} = ③$，$\boxed{\text{カ}} = ④$，$\boxed{\text{キ}} = ⑤$，$\boxed{\text{ク}} = ④$

(1) 2回目を振る場合，2回目に出る目の数の期待値は，

$$1\cdot\frac{1}{6} + 2\cdot\frac{1}{6} + 3\cdot\frac{1}{6} + 4\cdot\frac{1}{6} + 5\cdot\frac{1}{6} + 6\cdot\frac{1}{6} = \frac{21}{6} = 3.5 \quad \boxed{\text{ア}}.\boxed{\text{イ}}$$

(2) 1回目に出た目の数が

　　　　3以下のときには2回目を振る　　　　　　　　　　$\boxed{\textbf{ウ}} = ③$

　　　　4以上のときには2回目を振らない

　ように決めるのが有利である.

(3) 1回振るときの目の数の期待値は3.5だから，2回目を振って出た目の数が1, 2, 3ならば3回目を振り，4, 5, 6ならば3回目を振らないようにするのが有利である.そこで，2回目から3回目にかけての得点の期待値を求めると，

$$4 \cdot \frac{1}{6} + 5 \cdot \frac{1}{6} + 6 \cdot \frac{1}{6} + \frac{7}{2} \cdot \frac{1}{2} = \frac{17}{4} = 4.25$$

　よって，1回目に出た目の数が

　　　　4以下のときには2回目を振る　　　　　　　　　　$\boxed{\textbf{エ}} = ④$

　　　　5以上のときには2回目を振らない

　また，2回目に出た目の数が

　　　　3以下のときには3回目を振る　　　　　　　　　　$\boxed{\textbf{オ}} = ③$

　　　　4以上のときには3回目を振らない

　ように決めるのが有利である.

(4) 3回まで振ることができるルールのもとで，得点の期待値を調べる.

　1回目に5点，6点が，それぞれ確率 $\frac{1}{6}$ で決まる.

　2回目に4点，5点，6点が，それぞれ確率 $\frac{2}{3} \times \frac{1}{6}$ で決まる.

　3回目に1点から6点までが，それぞれ確率 $\frac{2}{3} \times \frac{1}{2} \times \frac{1}{6}$ で決まる.

　よって得点 X の確率分布は次のようになる.

X	1	2	3	4	5	6
prob.	$\frac{1}{18}$	$\frac{1}{18}$	$\frac{1}{18}$	$\frac{3}{18}$	$\frac{6}{18}$	$\frac{6}{18}$

得点の期待値は，$(1+2+3) \cdot \dfrac{1}{18} + 4 \cdot \dfrac{3}{18} + (5+6) \cdot \dfrac{6}{18} = \dfrac{84}{18} = 4.\dot{6}$

［別解］$(5+6) \cdot \dfrac{1}{6} + \dfrac{17}{4} \cdot \dfrac{2}{3} = \dfrac{14}{3} = 4.\dot{6}$ の方が簡便に求められる．

よって，1 回目に出た目の数が

$\qquad$ 4 以下のときには 2 回目を振る $\qquad$ $\boxed{\textbf{カ}}$ =④

$\qquad$ 5 以上のときには 2 回目を振らない

(5)　8 面体のサイコロで 3 回目を振る場合，3 回目に出る目の数の期待値
は，4.5 であるから，2 回目に出た目の数が

$\qquad$ 4 以下のときには 3 回目を振る $\qquad$ $\boxed{\textbf{ク}}$ =④

$\qquad$ 5 以上のときには 3 回目を振らない

ように決めるのが有利である．

　次に，8 面体のサイコロで 2 回目を振る場合，2 回目から 3 回目にか
けての得点の期待値を求めると，

$$(5+6+7+8) \cdot \dfrac{1}{8} + \dfrac{9}{2} \cdot \dfrac{1}{2} = \dfrac{11}{2} = 5.5$$

よって，1 回目に出た目の数が

$\qquad$ 5 以下のときには 2 回目を振る $\qquad$ $\boxed{\textbf{キ}}$ =⑤

$\qquad$ 6 以上のときには 2 回目を振らない

ようにするのが有利である．

$\boxed{\text{数魔鉄人}}$

　この問題は有名な問題であるが興味深い．例えばゲームとして考えた場
合，サイコロを 2 回まで振れる場合，一回目に 5,6 の目が出れば当然その
時点でストップするが，4 の目が出た場合は微妙でサイコロを 1 回投げて
4 以上の目が出る確率が $\dfrac{1}{2}$ 以上だからもう一回投げるという選択をする

かもしれない．この $\frac{1}{2}$ という数字が心理的に影響を与え，サイコロを 3 回まで投げられるときは残り 2 回で少なくとも 1 回 4 以上の目が出る確率が $\frac{1}{2}$ より大きいので 1 回目が 4 以下なら次に進むだろう．一回目が 5 ならば残り 2 回で 5 以上の目が出る確率が $\frac{1}{2}$ より小さいのでやめるという判断になる．サイコロを 4 回まで投げられる場合は 1 回目に 5 が出ても残り 3 回で 5 以上の目が出る確率が $\frac{1}{2}$ 以上なので 2 回目に進みたくなる．

　しかし，期待値という考え方を導入するとサイコロを 1 回投げた時の目の期待値が 3.5 なのでサイコロを 2 回まで振れるときは 1 回目に 4 が出たときはそこで終了したほうがよいことがわかる．また，サイコロを 4 回まで投げられるとき，4 回目の期待値が 4.944 となり 5 に届かないので 1 回目に 5 が出たらそこで終了するのが正解となる．直感的な判断と一致しないところが面白く，期待値と確率の違いを考えるよい機会を与えてくれるだろう．

コア・オプション
方式のカリキュラム

　現在の学習指導要領（高校数学）は，コア科目（数学Ⅰ・Ⅱ・Ⅲ）とオプション科目（数学A・B）に分かれている．このような形式になったのは，平成元（1989）年3月告示（1994年入学1997年卒業の学年以降）の学習指導要領からであり，それ以前には「代数・幾何」「基礎解析」「微分・積分」「確率・統計」という科目名となっていた．私は個人的には，このときの学習指導要領の改訂のタイミングで，『高校数学の体系性が壊された』という見解をもっている．

　オプション科目は2単位と設定されているが，3単位分の内容が教科書に書き込まれている．現場の実情に合わせて2単位分の内容を選択して履修，という建前になっている．現状の大多数の高等学校の実情は，数学Aでは場合の数と確率・整数を履修し，初等幾何を捨てる．また数学Bでは数列・ベクトルを履修し，推測統計を捨てる，という取り扱いである．次期の新学習指導要領では数学Bに推測統計を残して，ベクトルを数学Cに押し出すことになっており，物議を醸したことも記憶に新しい．また過去にも，BASICのプログラムをオプション科目で取り上げて，センター試験に出題したことがあるものの，選択者は希少であった．

　大学入試で「選択」の形式を踏襲し，国の意向を遵守した出題を行ったケースは少なかった．九州地方の国立大学には多かったと記憶している．選択問題の間の難易度を揃える努力が必要になるなど，出題者サイドにおいても，負担がかかることは想像に難くない．

　オプション科目を設定した際の政策目標は，教育を多様なものとすることにあったはずだ．しかし，各大学が入試の出題範囲において足並みを揃えるほうが，高校生にとって大学選択の自由度が増え，大学教育の実施においても便利であるという現実の下で，これはまともに機能していない．むしろ「誰も学ばない単元」が教科書に常駐するという不思議な現実が招来しているのである．そろそろ，コア・オプション科目の設定という考え方そのものを改めるべき時期に来ているのではないだろうか．

（黒岩虎雄）

あとがき

　数学ⅠＡに関しては記述式の導入が声高に叫ばれていたので，我々もどのような出題になるのか，非常に興味深く研究していたが数学ⅡＢはサンプル問題も提示されず，現行のセンター試験から大幅な変更はないかもしれないなどど考えていたが，試行テストが発表されてその考えは修正された．マーク形式ではあるが，本質的な理解を要求するものが多く，従来の計算重視のものと明らかに趣が異なるものであったからである．もちろん計算力に頼っても解決されるのだが，本質を見抜き解答すれば計算不要となるような工夫された出題が中心になっているのである．共通新テストに懐疑的な見方をしていたが，たとえマーク形式であっても，思考力，判断力，表現力を量るような試験は可能であると改めて認識したしだいである．

　現行のセンター試験では出題分野に偏りがあった．具体的にいうと，数学Ⅱからは，三角関数，指数・対数関数，微分積分からの出題が大部分であって，図形と式，式と証明からの出題はほとんどなかった．試行テストを分析すると，共通新テストは数学Ⅱ全分野から偏りなく出題される可能性が高そうである．本書ではすべての分野についての出題を予想し，より本質的な理解を求める作問を心掛けたつもりである．もちろん，まだまだ改良の余地はあるのだろうが，受験生および受験指導にたずさわる人たちの参考になれば幸いである．

令和２年４月
快刀乱麻を断つ
数魔鉄人　

大学入学共通テストが目指す新学力観

数学ⅡB

2020 年 7 月 23 日　　　初版 1 刷発行

検印省略

著　者　　数魔鉄人・黒岩虎雄
発行者　　富田　淳
発行所　　株式会社　現代数学社
〒 606-8425 京都市左京区鹿ヶ谷西寺ノ前町 1
TEL 075 (751) 0727　　FAX 075 (744) 0906
https://www.gensu.co.jp/

© Sūma-tetsujin・
Torawo Kuroiwa, 2020
Printed in Japan

装　幀　　中西真一 (株式会社 CANVAS)
印刷・製本　　有限会社 ニシダ印刷製本

ISBN 978-4-7687-0538-4